此书受西安财经学院文学院专业建设资金资助

古代中国生活审美论

张翠玲 ◎ 著

中国社会科学出版社

图书在版编目（CIP）数据

古代中国生活审美论/张翠玲著 . —北京：中国社会科学出版社，2018.10
ISBN 978-7-5203-2973-6

Ⅰ.①古… Ⅱ.①张… Ⅲ.①社会生活美—研究—中国—古代 Ⅳ.①B834.3

中国版本图书馆CIP数据核字（2018）第178979号

出 版 人	赵剑英
责任编辑	郭晓鸿
特约编辑	席建海
责任校对	杨　林
责任印制	戴　宽

出　　版	中国社会科学出版社
社　　址	北京鼓楼西大街甲158号
邮　　编	100720
网　　址	http://www.csspw.cn
发 行 部	010-84083685
门 市 部	010-84029450
经　　销	新华书店及其他书店
印　　刷	北京明恒达印务有限公司
装　　订	廊坊市广阳区广增装订厂
版　　次	2018年10月第1版
印　　次	2018年10月第1次印刷
开　　本	710×1000　1/16
印　　张	16.75
插　　页	2
字　　数	223千字
定　　价	69.00元

凡购买中国社会科学出版社图书，如有质量问题请与本社营销中心联系调换
电话：010-84083683
版权所有　侵权必究

目 录

绪 论 ··· 1
  第一节 "生活世界"理论 ··· 1
  第二节 古代中国生活审美问题的研究现状 ············· 6
  第三节 相关概念界定 ··· 12
  第四节 研究对象、研究目标和研究方法 ················ 38

第一章 古代中国生活审美化倾向的社会与文化背景 ···· 43
  第一节 小农经济与古代中国生活审美化倾向 ········· 50
  第二节 家国同构与古代中国生活的审美化 ············ 56
  第三节 生命文化与古代中国生活审美化 ················ 70

第二章 古代中国生活的审美特性 ······························· 88
  第一节 秩序规范性 ·· 88
  第二节 伦理道德性 ·· 100

第三节　形式礼仪性 …………………………………… 107
    第四节　切身体验性 …………………………………… 114

第三章　古代中国生活审美的社会形态 ………………… 138
    第一节　礼仪性：上层贵族的生活审美 ……………… 138
    第二节　艺术性：文士阶层的生活审美 ……………… 152
    第三节　物欲享乐：市民阶层的生活审美 …………… 174
    第四节　浑朴浓情：农民阶层的生活审美 …………… 196

第四章　古代中国生活审美的现代转化 ………………… 218
    第一节　古代生活审美与现代日常审美的差异 ……… 218
    第二节　现代性危机 …………………………………… 222
    第三节　古代中国生活审美现代转化的可能性 ……… 232

结　语 …………………………………………………………… 248

参考文献 ……………………………………………………… 252

后　记 …………………………………………………………… 263

绪 论

第一节 "生活世界"理论

人的实践包括三个方面内容：一是人和自然的关系，人在利用和改造自然物的过程中使自己得以生存，此即马克思所说的生产力是自然科学研究的对象。二是人和人的关系，人在对自然物进行生产改造的时候经常需要人与人之间的相互协作，因此在生产力基础上产生了生产关系，此为社会科学研究的对象。三是人和自我的关系，人在人化自然的同时使"自我"这一自然物也人化了。人化了的自我不仅有物质需求还有精神需求。知、情、意逐渐分裂且日渐对立甚至相互撕扯，人和自我方面的研究是人文科学研究的对象，美学即人文科学的重要学科之一。

现代化指工业、技术、生产等方面的现代运作，包括机器大工业生产、科学技术的更新换代、车间生产的自动化、由生产领域延伸到生活领域，如购物商场和娱乐休闲的自动化、机械化等。现代性指人们在现代化生活背景下求新求异、轻视过去重视未来的意识和思想，以及追求速度和效率，追求专业和精细等。生产和生活的现代化带来了现代性危机。

现代性危机包括三个方面：其一，人和物的异化。人类认识自然改造自然是为了人类拥有更多更好的生活物质。这些生活物质本是为了人类服务而存在，但现代化生产创造出越来越多的生活物质并不是为了人类更好地生活：车间经常会为了生产而生产，人们经常会为了消费而消费。人不再是物的主人，物反而变成了人的主人。琳琅满目、种类丰盛的生活物质让人眼花缭乱，失去了选择的主动性和能力，这些色泽鲜艳形状独特的生活物质用其华丽的外表诱惑着人们，使人们一步步走近它、触摸它、玩赏它，到最后倾囊而出占有它。每逢年节，尤其是在"双十一"时，许多人大喊"剁手"却又不由自主地掏钱购物，此即"物为主人"的一个表征（见图0-1）。

图0-1 天猫2016年"双十一"成交额展示着网购的疯狂

占有物并不意味着购物之人能成为物的主人：炎炎夏日空调的使用给人以清凉和舒适，但这种清凉和舒适使人们在夏日中对空调产生极强的依赖性，以致有人不开空调便无以入睡；即使已经知道长期使用空调会得"空调综合征"，但人们依然会在夏日中白天晚上不间断地开着空调，贪恋清凉:空调在此变成了我们的主人。人类利用网络可以开阔自己的视野、丰富自己的生活,可是日益频繁的网络犯罪和层出不穷的网络问题让人胆战心惊,但这依然不能阻碍人们走向便捷快速、虚拟光幻的网络世界:网络经常会成为使用者的主人。上述空调和网络事例旨在说明,表面上"拥有物的我们",事实上经常会变异为"物拥有我们"。不由自主地购物,物操控我们的生活,这是人与物异化的两个主要表现。

其二,人和人的异化。传统的生产生活方式为人类面对面相互交流提供了时空和平台,现代化高效率快节奏的生产、生活使现代人必须专心致志、全力以赴地工作,人们很难像以往一样边工作边聊天。一个一个的工位更是阻挡着人们面对面的交流和沟通(见图0-2)。

图0-2 现代人被工作间阻隔的工作空间

工作生产时高度紧张的状态延续到工作生产以外的领域,人们在吃饭、休闲时也经常处于焦虑急躁状态中,以致无暇交谈,"没时间""不交流"是现代人普遍的生活状态。网络的普及使人们宁愿在网络中与陌生人交谈也不愿和熟人面对面交流,人与人日渐疏远(见图0-3)。

图 0-3　大学生宿舍里或看手机或上网，人与人之间交流有限

另外，人们在生产生活中的关联却日渐紧密，人与人之间的交往更多屈从于物质现实利益而非精神心灵的沟通共在，人与人交往异化为人与物的利用。

其三，个体的异化。个体异化首先表现为肉体和精神的分离。现代社会中肉体的愉悦和精神的愉悦成反比：肉体越愉悦，精神越空虚。人们花费大量的时间、精力和金钱去塑身、整形，却不愿将时间、精力和金钱用于滋养心灵。心灵空虚时宁愿用浓烈的酒精、劲爆的音乐、夸张的色泽、紧张的剧情、极限的运动去麻醉心灵，宁可沉睡，也不愿清醒。身、心分裂甚至相互背叛：胃口已被填满却还张口进餐，疲惫不堪却不去休息。通过身体的折磨来减轻心理精神的苦闷几乎成为现代人的常态。其次表现为知、情、意的分离。知性片面发达，感性日益迟钝，或者感性日益敏锐而知性萎缩退化。意志坚定者稍不留意就会被法律或道德绑架，意志薄弱者又极易随波逐流。精神病患者、心理疾病患者如鬼魅般游走，精神疾病和心理疾病发病率持续上升。

解决现代性危机的渴望使胡塞尔（Edmund Husserl，1859—1938）、哈贝马斯（Jürgen Habermas，1929— ）、海德格尔（Martin Heidegger，1889—1976）、列斐伏尔（Henri Lefebvre，1901—1991）、海默尔（Max Horkhaimer，1893—1973）、赫勒（Agnes HeUer，1929— ）等思想家开始关注生活世界并对其进行了深入研究。但现代生活世界本身被分裂于经济生产、政治、道德、宗教之外，这种分裂状态使生活世界的研究者很难提出相应的理论或建议来有效应对现代性危机的困境。于是，人们将视野重新投向遥远的古代，希望能从古代生活中挖掘出解决现代性危机的可行性方案或可资借鉴的生活样态。这能否成功尚未可知，但被普遍认可为可能性尝试。中国、东方、古代在某种意义上可以相互置换：古代社会在东方有较多的遗留保存，中国作为东方首屈一指的大国，常常被视为东方的代表。因此，中国古代生活审美的研究便渐成趋势。但研究者均须保持理性、客观的态度：研究中国古代生活并不意味着要美化它并提倡复古，任何否认现代科技生产力带来的丰盛物质文明无异于掩耳盗铃，任何人也不可能在现代社会中完全摒弃现代科技创造的物质财富，重新以古代的生活方式生活，依然生活于山林中以种植为主的农民（或隐士）也每隔一段时间就要下山采购物品便是证明。我们也不能否认农业宗法制对中国古代社会个体的束缚和压抑，否则便是臆想性的美化。暂停现代化文明的步伐，重新审视古代中国的社会和生活，目的是为了让我们现代的生活世界更加自由、自主、自足。审美活动是自由、自主、自足生活的典型样态，以审美的视角研究古代中国生活是对现代性危机积极而主动的回应和面对。

第二节 古代中国生活审美问题的研究现状

一 与论题相关、间接论述古代中国生活审美问题的文献主要集中在以下三个方面

（一）从中国古代生活史的角度来论述

关于中国古代生活的研究集中在历史学领域，但在历史学研究领域中以生活为主题的研究还比较有限①。其相关古代生活的研究侧重于衣冠饮食、房舍舟车、社会组织、思想习惯等资料的梳理和中国古代生活史的演变。这方面论述的代表是中国社会科学出版社出版的十卷本《中国古代社会生活史》丛书和上海文艺出版社于2001年推出的多卷本《中国风俗通史》。这两套书的优点是原始资料翔实，生活方式及形态的历史演变线索较为明显，缺点是缺乏一定的哲学概括力。只是历史学的视角，论述较为客观，但缺少审美视角。

（二）从民俗学的角度来论述

民俗学方面的研究侧重研究中国古人在风俗习惯、传统技艺、生活文化及思考模式，包括生活中衣、食、住、行、育、乐的内涵与形式及其思想、行为、仪节、活动的记录与形成，是民众生活形态的真实反映。与生活史研究相比，民俗学研究更关注人们之间的相互交往和活动，注重挖掘

---

① 中国历史学重在研究汉民族形成、中国历史分期、封建土地所有制、农民战争和资本主义萌芽这五个方面，生活史的研究则在20世纪20年代后才进入史学家的视野，到目前为止，研究成果较为有限。

这些行为或活动背后的思想信仰等内在隐性而稳定的文化遗传密码。代表论著有尚秉和的《历代社会风俗事物考》、嵇宇经的《民间游戏》和胡朴安编的《中华全国风俗志》。这些研究资料丰富，极具原生态性。但与生活史方面的研究类似，民俗学关于中国古代生活的研究也较侧重客观的历史考察，缺少审美视角。

（三）从审美文化史的角度来论述

审美文化史方面的代表性论著是陈炎主编的《中国审美文化史》和许明主编的《华夏审美风尚史》。前者在《先秦卷》中论述到先秦君子在日常生活中注重自己的"令仪"和"威仪"，在与人交往时的琴瑟、赋诗和揖让，这些生活方式极具审美意味。在《元明清卷》中论述了明代市民在清明节、元宵节、端午节的游玩，他们平日里的花虫之恋及放情纵欲。后者在第四卷《六朝清音》中说六朝时期自然山水成为文人士大夫生活的有机组成部分；在第六卷《徜徉两端》中论述了有宋一代追求丰富的生活情趣，艺术和生活水乳交融；在第八卷《俗的泛滥》中论及农业文明的生活节奏是缓慢的田园牧歌式的，人们在农忙、交粮纳税之后就可悠闲从容地享受现世世俗的生活。① 与以往的中国古代美学研究相比，这两套丛书将研究视野扩大到了古人的社会日常生活，值得肯定。两套著作虽均涉及了中国古代的生活审美，但二者的研究主要是对中国古代审美文化进行历史的梳理，相对缺乏生活审美理论的陈述；涉及的审美领域主要集中在文论、乐论、画论等方面，论述重点是艺术审美而非生活审美，相关生活审美内容的论述较为散乱、零碎；主要人群集中在文人士大夫阶层，较少提及其他阶层，对民众的生活审美关注更少。基于审美在中国古人生活中的独特地位，中国古代美学研究不仅囊括而且应以古人生活审美为重点进行研究。古代中

---

① 参阅陈炎主编《中国审美文化史》（三卷本），上海古籍出版社2013年版；许明主编《华夏审美风尚史》（11卷本），北京师范大学出版社2016年版。

国生活审美的主角是芸芸众生，虽则文人士大夫生活审美的独特性和典型性不容忽视，但轻视"农工商"三大阶层的生活审美也不是研究者应有的态度。

二 直接以"古代中国生活审美"为主题展开论述的文献集中在以下三个方面

（一）古代中国生活审美研究的理论资源

古代中国生活审美理论研究方面的代表人物是刘悦笛、仪平策和叶玉露。刘悦笛在其《"生活美学"建构的中西源泉》一文中指出中国"巫史传统"中的"化巫入情"、以情为本的"生活儒学"是中国生活美学的理论渊源，并认为"从孔子时代开始'情''礼'合一的美学就已经走上了'生活美学'的道路"。仪平策在《生活美学：21世纪的新美学形态》一文中认为中国传统文化资源丰厚渊博，其中"执两用中"的中和思维模型和"道不远人"的审美价值范式最合生活美学精髓。叶玉露在《生活美学的涵义、理论溯源及实践展开》中认为，儒家美学是一种"蕴含着浓厚生活情趣的生活美学"，道家美学"是一种以自然为核心的生活美学"，禅宗美学"具有鲜活的生命力，深入生活，体悟生活，富有浓郁的生活气息"。所以，儒家美学、道家美学和禅宗美学均为中国生活美学的理论资源[①]。

就"儒家美学、道家美学、禅宗美学是中国古代生活美学的理论资源"学术界已基本达成共识，但存在两点不足：一是上述学者在谈此问题时仅仅是在论述其他问题时简略提及，没有进行单独、集中论证。二是仅从文化理论资源来论述中国古代生活美学的生成不够深入，无法精准而清晰地

---

① 参阅刘悦笛《"生活美学"建构的中西源泉》，《学术月刊》2009年第5期；仪平策《生活美学：21世纪的新美学形态》，《文史哲》2003年第2期；叶玉露《生活美学的涵义、理论溯源及实践展开》，《华北水利学院学报》2012年第10期。

对其进行阐述,应联系中国古代社会的农业经济、家国结构、生命文化等进行深入分析才可能从根本上将此问题论述清楚。

(二) 对古代中国生活审美性内容的具体分析

对古代中国生活审美性内容的具体分析集中在三个方面:一是就某一时段的生活美学进行论述;二是就某一古人的生活美学进行论述;三是就某一阶层的生活美学进行论述。

第一方面的研究成果主要有四个:其一,李修建对魏晋时期名士生活美学的论述;其二,曾婷婷和赵强对晚明文人生活美学的论述;其三,常康对泰州学派生活美学的研究;其四,马赛对宋代士人生活美学的研究。李修建编撰的《风尚——魏晋名士的生活美学》是一部专门从生活美学角度来探讨魏晋名士生活的书籍。此书中他在梳理"士"的渊源、"士"的含义与类型、魏晋名士与魏晋思想的关系的基础上,论述了魏晋名士的形貌风神之美、服饰风尚之美、清谈析理之美、服药饮酒之美、雅趣爱好之美、文人才情之美。曾婷婷的博士学位论文《晚明文人日常生活美学观念研究》从"欲""闲""癖""奇""生"五个方面对晚明人的生活美学进行了论述。赵强的《"物"的崛起:晚明的生活时尚和审美风会》中论述了晚明奢靡的生活风气和生活风尚及其形成原因。常康的《李贽"自然人性论"审美意蕴的哲学解读——兼论泰州学派倡导生活美学的当代意义》一文中认为李贽的"自然人性论"和"童心说"是泰州生活美学的核心①。

第二方面的研究集中在老子、庄子、苏轼、张岱、李渔和文震亨几个人物身上。对庄子生活美学研究的代表论文是万志全、万丽婷的《庄子的

---

① 参阅李修建《风尚——魏晋名士的生活美学》,人民出版社 2010 年版;曾婷婷《晚明文人日常生活美学观念研究》,博士学位论文,中山大学,2012 年,2017 年由暨南大学出版社出版;赵强《"物"的崛起:晚明的生活时尚和审美风会》,博士学位论文,东北师范大学,2013 年,2016 年由商务印务书馆出版;常康《李贽"自然人性论"审美意蕴的哲学解读——兼论泰州学派倡导生活美学的当代意义》,《前沿》2010 年第 2 期。

生活美学思想略论》。文章论及庄子的生活美学以"无"为本,摒弃了有害的世俗的审美观,向圣人、真人、至人、神人的生活迈进。万志全的《以水为师:老子的生活美学思想探究》认为,老子的生活美学主要表现在"无为而治"的社会生活美,慈爱节俭、谦让无争的人际关系美,虚静、无欲、无知、知足的个人生活美。方小凤的硕士学位论文《苏轼"清欢"生活美学研究》,从美食、茶酒、养生、清婉、集会五个方面论述苏轼的生活美学,倡导我们学习他对物超越,对世俗亲和超越,对厄运随缘适性,处之泰然的态度。卢杰的硕士学位论文《张岱散文中的日常生活美学思想》侧重研究张岱散文中的情感论和人格才情美,日常生活中的实用艺术,日常生活中的节庆和休闲。李渔生活美学的研究是热点,目前已有十多篇博士、硕士和学术期刊论文,具有代表性的是刘红娟的博士学位论文《李渔生活美趣研究》。比较有特点的是刘辉成的《建立在死亡意识上的生活美学——〈闲情偶寄〉新释》一文。他认为,对死亡的呵护意识可使人聆听死亡的指令而真正关怀和珍惜生命,这正是建立生活美学的基础。李渔的生活美学就是一种对死亡的呵护意识,其真谛是"知足常乐"和"知义常乐"。田军的博士学位论文《〈长物志〉的生活美学》是极具代表性的关于文震亨生活美学研究的成果。在文中他研究了《长物志》生活美学的生成背景、审美实践、功能指向、理论建构价值和对当代人生存的启示。①

第三方面的代表性论著是刘悦笛、赵强合著的《无边风月:中国古典生活美学》(四川人民出版社2015年版)。论著从儒家、道家、禅宗生活美

---

① 参阅万志全、万丽婷《庄子的生活美学思想略论》,《商丘师范学院学报》2013年第11期;万志全《以水为师:老子的生活美学思想探究》,《南昌工程学院学报》2013年第10期;方小凤《苏轼"清欢"生活美学研究》,硕士学位论文,南京师范大学,2010年;卢杰《张岱散文中的日常生活美学思想》,硕士学位论文,扬州大学,2006年;刘红娟《李渔生活美趣研究》,博士学位论文,首都师范大学,2012年;刘辉成《建立在死亡意识上的生活美学——〈闲情偶寄〉新释》,《柳州师专学报》2007年第9期;田军《〈长物志〉的生活美学》,博士学位论文,华东师范大学,2014年。

学入手,详尽论述了"花道茶艺"和"居家之美","琴棋书石"和"赏玩之美","雅集之乐"和"交游之美","笔墨纸砚"和"文房之美","造景天然"和"园圃之美","诗情画意"和"文人之美","山水泉林"和"优游之美"。内容丰富,资料众多,涉及面也较广,这是本书的优点所在。不足之处存在以下两点:其一,侧重论述士人阶层的生活审美,贵族阶层的生活审美涉及较少,市民和"农""工"阶层几乎没有涉及。其二,理论阐述不够详尽,缺乏较强的理论提升和概括,总体特质的把握不够全面准确。

总之,对古代中国生活审美性内容的具体分析和研究存在三方面不足:一是诸论文侧重从"形而下"层面列举中国古人在日常生活中具体的审美实践,对"中国古代生活美学(审美)"概念界定不够准确,对艺术审美和生活审美的区别理解有些偏差。二是缺乏整体观念,对中国古代日常生活审美的独特性把握不够全面、准确,局限于单一个体的生活审美或单个著作的生活美学思想,需在中西文化的比较中凸显中国古代日常生活审美的独特之处,进行适当提升。三是缺乏一定的宏观历史意识,多局限于一人一书、一学派、一时段生活审美问题的研究,未将其放在整个中国古代生活审美理论中进行审视,给人只见树木不见森林之感。

(三) 古代中国生活审美(生活美学)的研究方法

古代中国生活审美(生活美学)研究方法方面的代表性成果是李修建的《如何研究中国古代生活美学——以六朝生活美学为例》①。在文中他认为中国古代生活美学的研究可借鉴人类学的研究方法,可采用个案研究,可借鉴新文化史的研究方法。李修建倡导的这些方法极具合理性。除此之外,年鉴学派的研究方法也很值得研究生活美学的学者借鉴。年鉴学派认为,生活世界的历史才是真正的历史,所以,他们注重生活的渐变,认可

---

① 李修建:《如何研究中国古代生活美学——以六朝生活美学为例》,《南京艺术学院学报》2012 年第 5 期。

布罗代尔的长时段理论。中国古代生活美学的研究应借鉴年鉴学派对生活渐变的研究，在琐碎的历史生活中研究中国古代生活美学。除此之外，还可借用"非认知方法论"。非认知方法论适合于深描和解析日常生活中的对象、活动和事件，所以在生活美学的研究中应大力提倡。非认知的方法论可以分为五类："家庭壁炉法""艺术化或仪式化"的方法、"介入法""形式主义"的方法，依靠纯然的审美态度的现象主义方法。① 其中，"家庭壁炉法"即贴近现实的舒适感，在日常生活的简单感官中寻找美的享受，这种方法比较适用于中国古代市民的生活美学。"艺术化或仪式化"的方法比较适合分析封建贵族的生活美学，"形式主义"的方法和纯然的审美态度的现象主义方法论适合分析中国古代文人的生活美学。

基于此，本书从审美性角度对中国古代生活进行整体性观照，从古代中国生活审美化倾向的社会文化背景，古代中国生活审美的民族特性、社会形态、现代转化等问题进行了探讨。

第三节　相关概念界定

"生活论转向"与哲学界、史学界、社会学界的日常生活研究转向有关。哲学界随着（后）现代主义的兴起，倡导感性、边缘、底层、世俗等，以对抗理性、主流、高层、权威。新史学关注普通民众、日常生活的研究，以解构传统史学对"上层精英"和重大事件的研究。社会学关注日常生活以重释科学社会学、政治社会学等对社会宏大而略显空洞的论述。三者都关注底层大众和普通生活促使日常生活研究成为时代学界的一个热点。

---

① ［加拿大］艾伦·卡尔松：《日常生活美学的困境和出路》，《哲学动态》2013 年第 4 期。

一 "生活"概念界定

何为"生活"？1936年列斐伏尔（Henri Lefebvre）在《被神秘化的意识》一书中提出了"日常生活"这一概念；1947（1958）年、1962年、1981年列斐伏尔相继出版了《日常生活批判》三部曲①。在第一卷中他说日常生活是一种"剩余物"，是专业化和技术化等各种"高级活动"遗余下来的活动空间，是人类所有活动的"汇聚处""纽带"和"共同根基"，其表现为"友谊、同志关系、爱、交往的需求及游戏等"②。

在此列氏认为日常生活是各种社会活动和社会关系生长发展的土壤，是这些活动的集散地、相互关联的纽带和共同的根基，是尚未分化的人类实践形态。在第二卷中，他认为日常生活是独立于"经济"与"政治"之外的一个新领地，比生产更为重要，应处于原初性地位。不同于马克思，他认为日常生活是社会研究的基本要素。在此基础上他指出，社会主义在本质上并非一种经济政治制度，而是一种全新的现代日常生活方式。在第三卷"导言"中，列斐伏尔将日常生活概括为：其一，日常生活是一种独特的身体实践时空，不同于自然时空和心灵时空；其二，日常生活是理性和感性的混合物，理性无法对其进行还原；其三，日常活动与以社会分工为基础的专业性活动相对立；其四，日常生活具有循环性和直线性两种时间形态；其五，日常生活是使用价值和交换价值相遇、共存、碰撞的场所；其六，日常生活是"需求—欲望—愉悦"三者的辩证统一和动态相融；其

---

① 三卷英译本为：Henri Lefebvre, *Critique of Everyday Life*, volume I, Translated by John Moore, Verso, London, New York 1991；Henri Lefebvre, *Critique of Everyday Life*, volume II: *Fondation*, *of a sociology of everyday life*, Translated by John Moore, Verso, New York 2002；Henri Lefebvre, *Critique of Everyday Life*, volume III: *From Modernity to Modernism*（*Towards a Metaphilosophy of Daily Life*）, Translated by Gregory Elliott, Verso, London, New York, 2003.

② 参阅刘怀玉《为日常生活辩护——论列斐伏尔〈日常生活批判〉第一卷的基本意义》，《江苏社会科学》2008年第7期。

七，日常生活也表现为各种时间和空间的复杂的相互关系；其八，日常生活包括宗教生活、世俗生活等，世俗生活又包括节庆日和非节庆日的平常生活。

从上文对"日常生活"相关论述的梳理可知，列氏说"日常生活"这一术语提出的目的"不是创造一种全新的生活取而代之，而是重新安排日常生活"①，还原日常生活的本真性、原始性、实践性和变革性，以建立丢失了的个体的主体性和整体性，恢复个体生活的丰富性、创造性和独特性。他清楚地知晓日常生活的琐碎化和片段化、保守性和平庸性，但他更强调以"重复性思维和重复性实践"为特征的日常生活具有的非凡活力和内在激情。节日狂欢、身体感性、都市空间化是其解决日常生活异化的努力和尝试。

其实，早在文艺复兴时期日常生活就开始被关注。马丁·路德（Martin Luther，1483—1546）提出，信徒可以通过辛勤劳作为他人提供更多的生活资料来表达对上帝的信仰和爱，加尔文（Jean Chauvin，1509—1564）则说世界就是信徒的修道院。二人将世俗生活提高到了宗教信仰的高度，赋予了世俗生活形而上的终极意义。

胡塞尔也提出要关注生活世界，认为"作为唯一实在的，通过知觉实际地被给予的、被经验到的世界，即我们的日常生活世界"②。并强调生活世界问题是一个哲学的普遍问题，"它是一个持久的有效性的基础，一个不言而喻的一劳永逸的源泉"，具有"本真的存在意义"，相对"科学的真实的世界"，它具有奠基性、直观性、具体性和原始的明见性，按照价值来说具备较高的科学性③。许茨（Alfred Schutz，1889—1959）则认为，日常生

---

① Henri Lefebvre, *Critique of Everyday Life*, volume I, Verso, London, New York 1991, p.129.
② ［德］胡塞尔：《欧洲科学危机和超验现象学》，倪梁康译，上海译文出版社1988年版，第58页。
③ ［德］胡塞尔：《生活世界现象学》，倪梁康、张廷国译，上海译文出版社2002年版，第259页。

活世界是"一个主体间际的世界,它在我们出生很久以前就存在,被其他人,被我们的前辈当作一个有组织的世界来经验和解释"①。与胡塞尔一致,许茨也把生活世界看作意义之源,但他给予了其历史的维度和交互主体的文化内涵。与上述二者观念相近,哈贝马斯也认为生活世界是前逻辑的、前根据的、非确定性的本体论世界,是交往行为的背景预设,是一种总体化力量,它"构成了一种现实的活动的背景"②。文化系统、社会秩序、个性特点是生活世界的三种知识结构要素,生活世界的再生产与文化再生产、社会整合和社会化的过程相一致。但是在现代社会中,生活世界理性化进程中系统对生活世界殖民化了,要想使生活世界合理化,就需将"主体—客体"的交往模式转变为"主体—主体"的交往模式。海德格尔认为,日常生活是一个"常人"存在的世界,本真的个体在技术及官僚控制的社会中沉沦,艺术、诗是摆脱这种生活状态的有效举措。伽达默尔(Hans - Georg Gadamer,1900—2002)则在海德格尔存在论的基础上指出,纯审美的"审美区分"是"撇开了一部作品作为其原始生命关系而生根于其中的一切东西,撇开了一部作品存在于其中并在其中获得其意义的一切宗教的或世俗的影响"③,所以"审美区分"的作品丧失了它所属的地盘和世界,因而应建立立足生存世界并确定审美意义的"审美无区分"美学。伽达默尔的"审美无区分"美学的基础生存世界即我们所说的生活世界,其认为生存世界是具有原始生命意味的,是艺术世界的基础。可见,胡塞尔、许茨、哈贝马斯、海德格尔、伽达默尔均把"日常生活"或生活世界看作本真的永恒的本体性存在,或是一种保证本体论安全的所在。

与上述几人略有不同,卢卡契(Georg Luacs,1885—1971)认为"人

---

① [德]许茨:《社会实在问题》,霍桂桓、索昕译,华夏出版社2001年版,第284页。
② [德]哈贝马斯:《交往行动理论》第二卷,洪佩郁、蔺青译,重庆出版社1994年版,第171页。
③ [德]伽达默尔:《真理与方法》(上卷),洪汉鼎译,上海译文出版社1999年版,第109页。

在日常生活中的态度是第一性的……人们的日常态度既是每个人活动的起点,也是每个人活动的终点"①。他的学生赫勒(Agnes Heller,1923—)则认为日常生活是"同时使社会再生产成为可能的个体再生产要素的集合"②,它涵盖着"语言""对象世界"和"习惯世界"三个组成部分,是"自在的类本质对象化"③。日常生活具有重复性、规范性、情境性的特点,包含着各种符号系统,实行经济原则,人们主要通过实用主义、可能性原则,模仿、类比和极端普遍化的方式进行日常生活。日常生活批评理论的宗旨是要使日常生活人道化,即将主体由"自在存在"变为"自为存在"。可见,卢卡契和赫勒的日常生活理论是古典主义的、人本主义的。

马恩著作中也论述到生活,甚至有学者提出马恩著作的基本概念并非"物质",也非"实践",而是"生活"④。孙云龙认为马克思的生活概念可分为狭义和广义两种,狭义的生活概念指物质生产,广义的生活概念是包含着意识生产和物质生产的社会统一体:"广义的生活概念等同于历史本身,而狭义的生活概念则是历史的主导力量。"⑤马拥军认为,马克思所说的"人的生命活动"即"生活",它具有生成的维度和历史的维度,"不仅包括'感性'活动,而且包括'理性'活动,不仅包括感性和理性已经分化了的人类活动,而且包括尚未前分化的人类'生命'活动"⑥。与物质本体论不同,马克思的生活本体论具有历史的动态性;与实践本体论不同,实践在马克思论著更多地指人的感性活动或感性的人的活动,并涵盖人类全部的生命活动,只是人类生命活动中的一个组成部分。的确,马克思说:

---

① [匈]乔治·卢卡契:《审美特性》,徐恒醇译,中国社会科学出版社1986年版,第1页。
② [匈]阿格妮丝·赫勒:《日常生活》,衣俊卿译,重庆出版社1990年版,第3页。
③ 同上书,第4页。
④ 参阅杨楹《马克思生活哲学引论》,人民出版社2008年版;李文阁《生活:马克思主义哲学的"基石"》,《上海社会科学院学术季刊》2000年第2期。
⑤ 孙云龙:《〈德意志意识形态〉"费尔巴哈"章生活概念探微》,《复旦学报》(社会科学版)2011年第5期。
⑥ 马拥军:《马克思主义生活本体论概说》,《武汉大学学报》(人文科学版)2008年第3期。

绪 论

"一切人类生存的第一个前提,也就是一切历史的第一个前提,这个前提是人们为了能够创造历史,必须能够生活。因此第一个历史活动就是生产满足这些需要的资料,即生产物质生活本身,而且这是这样的历史活动,一切历史的一种基本条件,人们单是为了能够生活就必须每日每时去完成它,现在和几千年前都是这样?"① "人们首先必须是吃喝住穿,然后才能从事政治、科学、艺术、宗教等等活动。"② 物质生活是人的生命活动最重要的组成部分,但这只是基本条件,"自由生活"才是马克思设定的历史的终究目标。

综上所述,"日常生活"这一术语在西方学术界处于极为复杂的存在样态③。但多数学者在论及"日常生活"一词时均带有原初性和奠基性内涵,认为日常生活是人类其他活动(宗教、科技、政治、经济等)不言自明的前提、基础和最终目的;它是针对科学技术、政治官僚、经济消费等对个体生存的控制、压抑、异化提出的,具有批判性和救赎性双重寓意;西方学者在论述此问题时多采用社会学、历史学、哲学或民俗学等视角,具有浓厚的人道主义精神。

中国谈论"生活"的代表人物是李泽厚。李泽厚认为日常生活即穿衣吃饭,即吃饭哲学。这种说法虽然浅显通俗却需重视。他进一步分析说,生活是非理性的:

> 所谓非理性意指它是某种合理性(reasonablness)、可理解性(understandingable),而不是 the world of ideas(理式世界)、the absolute

---

① 《马克思恩格斯选集》(第1卷),人民出版社1972年版,第178页
② 《马克思恩格斯选集》(第3卷),人民出版社1972年版,第623页。
③ 传统社会学和主流体系社会学有意、无意地忽略了日常生活世界,微观民俗学、民族学、文化社会学又将日常生活世界非理性地神秘化和永恒化了。在一些极端的法兰克福学派那里日常生活则是一个令人绝望的、无法反抗的、沉沦异化的世界,日常生活批评家(如列斐伏尔、赫勒、科西克等)则将日常生活视为具有鲜明二重性的世界。

· 17 ·

spirit（绝对精神）、transcendental reason（先验理性）相联系的理性（rationality），即不能把生活、现实、人生、语言归结为超验、先验或既定的范畴、程序、结构、逻辑，恰好相反，一切既定的程序、结构、逻辑及语言、思维都是从这个"合理性"的活生生的经验生活中涌现和产生出来的。①

李泽厚主要从生活的本源性，生活与先验理性的对立来论述生活，认为中国传统的生活是以实用理性为工具、以情为本体的生活。

基于此，我们可以认定"生活"指日常生活，这种日常生活不同于通常意义上所述的现实生活，即不同于英文的"reality"或者德文的"Wirklichkeit"，和英文的"preactical life"和"performing live"类似。"preactical life"侧重指实践性的人类活动，"performing live"侧重指实践活动过程中"活生生"的动态性。这里的"live"指杜威所说的"live creature"②（活生生的生物）的"活生生"的状态。这种活生生的日常生活因与身体体验直接相关而具有鲜明的感性色彩。此种内涵上的"日常生活"既包含古希腊"zoe"一词指涉的动物性的极具活力和能量的生活，也包括"bios"一词指涉的生活的叙事、历史、结构和秩序。③ 这种活生生的日常生活鲜明的特点是日常性和活力性，它既是历史的出发点，也是其展开过程和终极目标，具有哲学意义上的存在本体性。

现代意义上的生活更多地指向摒除了经济生产、政治组织、宗教信仰、科技艺术等社会分工之外剩下的日常，其目标在抵制"现代化—现代性"对人性的分化，恢复个体的整一性。如若将这一现代性概念用在古代社会研究，其意义则会发生显著变化：古代社会处于前工业社会，生产、生活、

---

① 李泽厚：《历史本体论·己卯五说》，生活·读书·新知三联书店2009年版，第39页。
② John Dewey, *Art as Experience*, New York: The Berkley Publishing Group, 1934, pp. 3 – 1.
③ 参阅潘公凯、[美]理查德·舒斯特曼《艺术边界问题对谈》，《诗书画》2011年第3期。

绪 论

政治、信仰等未实现分化而具有整一性,所以古代的生活则是包括了经济生产、日常宗教、政治活动、日常起居、婚丧嫁娶、技艺劳作、文化礼仪、实用艺术、节庆假日等在内的人的全部生活。但无论是现代意义上的"生活",还是将之用作古代社会,"生活"均应从"存在本体论"意义上来研究。

二 "生活审美"

辨析过"生活"这一概念内涵后,我们再对"生活审美"这一概念进行一些尽可能的界定。

"美的艺术"(beaux-arts)是在18世纪才出现的。1746年法国的夏尔·巴图神父出版了《归结为单一原理的美的艺术》。在此书中,作者把音乐、诗、绘画、雕塑和舞蹈确定为以自身为目的的"美的艺术",与之相对的"机械的艺术"则是以实用为目的的。1750年德国的鲍姆加通(A. G. Baumgarten,1714—1762)在其博士学位论文《对诗的哲学沉思》中提出"美学"(感性学)研究的对象是"可感知的"。后在其著作《美学》第一卷中又再次申明:"美学作为自由艺术的理论、低级认识论,美的思维的艺术和与理性类似的思维的艺术是感性认识的科学。"[①] 为了准确说明"感性认识的科学"内涵,他特意在希腊文"aesthesis"基础上创造出拉丁词"Aesthetica",意为感性的、情感的、直觉的,包括想象和虚构等在内,与理性相区分。

"美学"(美的艺术)在18世纪出现并最终从工艺和社会生活中独立,和当时的社会分工、专业化相关。"美学"(美的艺术)学科最终在康德和席勒论著中得到系统化的阐释并逐渐为世人接受,是社会分化后生产实现专业分工,知识体系随之进行分化的一个必然。在知识体系分化中,"美

---

① [德]鲍姆加通:《美学》,简明、王旭晓译,文化艺术出版社1987年版,第13—15页。

学"（美的艺术）这一学科设定的研究对象是感性，关注的是人的情感、直觉、想象等内容。

英语"aesthetic"一词不区分"美学"和"审美"，但在汉语中"美学"指美学理论、美学思想、美学观念等；"审美"则是"人以客观的感性世界（包括人自身的活动）为中介，以感受人的本质力量的活动"①，和人生体验相关。与这些区分相关，"生活审美"是以生活为中介、以感受人的本质力量的活动，侧重现实生活中的审美活动；"生活美学"侧重指生活审美理论、观念和思想等含义，是"生活审美"的理论形态，"生活审美"是生活美学的实践形态。

基于此，我们可对"生活审美"一词及相关概念可作如下四种限定。

第一，"生活审美"中"生活"指日常的活生生的人类的生命活动，具有存在本体论意义，有广义和狭义之分。广义的生活是包括了经济生产、政治活动、宗教行为、哲学等在内的全部的人类活生生的一切活动，狭义的生活指现代意义上社会分工、学科专业分化背景下摒除了经济生产、政治、哲学等之外的人类日常活动。"古代中国生活审美"中"生活"一词在广义上使用较为合适，"现代生活审美"中"生活"一词在狭义上使用更为合适。但不论是广义还是狭义"生活"都具有二重性，"生活审美"中"生活"的内涵更强调日常生活中充满活力、充满希望、富有超越性的一面。

第二，生活实践中的审美活动和生活美学原理本身是若即若离的关系，所以"生活审美"虽然侧重生活实践中的审美活动，但依然涉及一些生活美学理论、观念和思想等内容。

第三，生活审美与艺术审美不同。艺术审美侧重对艺术品的把玩和欣赏，意识明确，具有对象性和非直接功利性，侧重形式美。生活审

---

① 尤西林：《人文学科及其现代意义》，陕西人民教育出版社1996年版，第142页。

美的本质是"生活在存在本体论意义上本身就是美"。生活审美具有非对象性,侧重人类生活行为本身。生活审美不脱离生活母体、在日常生活场景中展开,展示着人类的生存境遇;生活审美具有此在的非对象性,具有"身""心"皆动的动态性,与直接实用功利密切相关,侧重内容美①。

第四,生活审美可分为生产劳作的审美和非生产劳作的日常生活审美。现代意义上"生活审美"应侧重研究非生产劳作的在活生生的日常生活中的审美及相关理论;对古代社会"生活审美"问题的研究,因社会未分化性应将生产生活、政治信仰、风俗习惯等作为一个整体来进行研究。

三 与"生活审美"相关的几个关键问题

(一) 生活审美与"现代化—现代性"

"生活审美"研究主要与以下三个事实相关:其一,西方美学史或侧重艺术哲学或侧重哲学美学研究,对生活中的审美活动"视而不见",而脱离生活的艺术哲学和哲学美学越来越"自闭"以致丧失了生命活力。

---

① 生活审美并非一般意义上的"在生活中审美",亦非一般意义上的"以生活所用品为审美对象的审美活动"。生活审美与艺术审美不仅仅是简单意义上的审美场合的区分(艺术审美在艺术馆,生活审美在日常情境中),也不仅仅是审美对象的区分(艺术审美以艺术品为审美对象,生活审美以生活品为审美对象)。生活审美是不脱离生活原初场域、在生活母体中、对人类生活行为本身和生存必需物等在内的全部生存境域的整体的审美。生活审美与艺术审美根本的区别在于二者的审美心理机制不同。举例说明,以生活器物(玉)的审美为例:将玉置于生活情境中,侧重玉对君子修身养性之功用的审美就是生活审美;将玉视为艺术品,侧重赏玩玉之色泽、纹理、形状、触感等外在形式的审美就是艺术审美。以自然物(花)的审美为例:开在路边的野花,侧重于野花对马路或田野的装饰作用,将野花视为人类生存空间一个组成部分的审美就是生活审美;将野花对象化为艺术品,侧重欣赏野花的外形、色彩、香味等形式因素,就是艺术审美。生活审美接近于实用美。实用美的实质是由于现实生存特定需求的充分满足而引发的愉悦,充分满足隐藏着针对个体的一定程度、特定时段的自由,这是"实用→实用美"的根本原因所在。可参阅以下文章:尤西林《关于美学的对象》,《学术月刊》1982年第10期;尤西林《现实审美与艺术审美:以"旭日阳刚演唱"为个案》,《文艺理论研究》2011年第11期。

其二，在古代，（审）美和生活水乳交融密不可分：古希腊和中国古人的生活就是典型的具有审美性的生活。在现代，虽然有了独立的审美意识形态——艺术①，但依然有大量的审美活动在日常生活中进行。上述两点已由多位学者论述并得到了多数学者的普遍认同。其三，"生活审美"和现代工业社会（消费社会）日常生活的审美化密切相关。费瑟斯通（Mike Featherstone, 1946— ）、韦尔施（Wolfgang Welsch, 1946— ）均从后现代主义和消费文化角度论述了生活审美化的兴起。②与之类似，叶朗先生也认为日常生活审美化是"对大审美经济时代或体验经济时代的一种描述"③，"指在当代社会中，越来越多的人对于自己的生活环境和生活方式有一种自觉的审美的追求"④。上述三人侧重从现代工业社会消费文化对人的日常生活的审美化（"装饰性"）角度来论述"现代化—现代性"与生活审美的关系，具有一定的合理性，但并没有将生活审美和"现代化—现代性"内在而深层的关联阐释清楚，因此有必要进一步深入研究。

社会分工专业分化使生产与生活分离，公共生活与家庭生活分离，家庭生活与私人生活分离。这种现代化的专业性分工体现在个体心性上便是个体内在心性的分化，⑤人变成了马尔库塞（Herbert Marcuse, 1898—1979）所说的"单向度的人"。以科技和专业性分工为基础的现代化以及在此基础上形成的"单向度的人"和现代个体心性（现代性）是现代社会与古代社会的根本区别。在古代社会，生产和生活、公共生活和家庭生

---

① 西方学者普遍承认，现代意义上的艺术即高雅艺术直到19世纪才出现，艺术的出现与宗教的衰微有着紧密的关联；就社会精英阶层而言"'艺术'逐渐取代了上帝"。参阅［英］戴维·英格丽斯《文化与日常生活》，张秋月、周雷亚译，中央编译出版社2010年版，第117页。

② 参阅［英］费瑟斯通《消费文化与后现代主义》，刘精明译，译林出版社2002年版，第95—104页；［英］韦尔施《重构美学》，陆扬、张岩冰译，上海译文出版社2006年版，第33页。

③ 叶朗：《美学原理》，北京大学出版社2011年版，第314页。

④ 同上。

⑤ "现代化"指社会化的专业分工及相关的专业分工的物态化表现（如机器工厂、高楼大厦、网络的普及等）。"现代性"指外在的专业分工内化为个人主体的心性的分化。相关内容可参阅尤西林《人文科学导论》，高等教育出版社2002年版，第21—25页。

活、家庭生活和私人生活是不区分的，农民春耕秋收的土地、工人手工生产的作坊就在居家房屋的近旁，信仰崇拜等活动也不必去专门的教堂，往往在家即可进行（如中国古代的祭祖活动）。古人的个体心性是整一的，如达·芬奇（Da Vinci，1452—1519）既是出色的画家也是有名的工程师，拉伯雷（Francois Rabelais，1495—1553）既是幽默风趣的作家也是颇负盛名的医生，张衡既是辞藻华美的文学家，同时又是卓有成效的科学家，中国古代的士人集行政官员和学者或艺术家为一身的情况也极为平常。古代社会的人和自然也处于未分状态，人的日常生活节奏配合着大自然的运行节奏。现代社会的强制性分工和专业性分化加速了文明的进程，带来了物质生活的繁荣，同时，使现代人丧失了生命的整体性：人一方面无止境地从大自然中攫取生活资源，另一方面又将自己封闭在钢筋水泥堆砌的铁笼里，人遗弃了自然；在都市中人与人越来越沉默相对乃至相对无言，情感越来越淡薄甚至冷漠无情；个体在工作时过着工具化的功能性生活，在休闲时进行着刺激的纵欲和肆意无节制的消费，感性和理性呈极度的对立状态。这些分化背离了个体生命的本性：人的生命是一整体，其内在本身要求整合。生活世界是现代社会分化的基础，是整个社会存在的前提，也是人类社会其他活动的最终旨归。通过生活审美来整合在生产劳作中被压迫和分化的现代人性，正是生活审美的功能和价值所在，也是生活审美对工业社会（或消费社会）的积极回应。

总之，"生活审美"虽囊括对人类历史上全部的现实生活审美，但这些术语在以下四个方面内摄着"现代化—现代性"。

第一，这一术语本身诞生于（后）现代社会，生活世界是社会分工、专业分化的原初领域，也是恢复人性分裂的最终领域。在生活审美中，生活尽其性，人亦顺其情，生活与我以自由、活泼、跃动的本真状态相遇，异化的生活与异化的自我重新回归于各自浑然整一的本性。"生活审美"的整一性与"现代化—现代性"的分裂性形成一种张力和矛盾，二者在这种张力和矛盾中共生共在。

第二,"生活审美"具有普世性和普泛性(见下文),这种普世性和普泛性确证着审美价值的多元化和开放性。现代性的特点之一是求新求异,多元化和开放性的审美活动和求新求异的现代性在此意义上可成携手共进之态。

第三,区别于近代推崇的理性、主体性、整体性和中心性,现代倡导感性、非主体性、边缘性和碎片式生活。在这种感性的、非主体性的、边缘性的、碎片式的生活中蕴含着潜在的或旺盛的生命活力。生命活力的充溢和丰满正是美之内在属性之一。从这个角度说,"生活审美"与"现代化—现代性"具有同质性。

第四,现代线性的生活时间使人们无限趋向明天、未来。这种对无限的明天和未来的追逐造成了人们普遍性的焦虑感。生活审美实践使快速的、变动不居的客观、现实时间在审美心理中暂时放慢、拉长,用现在"收纳""包容"过去和未来;过去、现在和未来在"现在""当下"中实现同时性,时间之流暂被切断,生活审美成为一种延续—断裂—延续的此在,在审美体验中实现了瞬间与永恒的转化。这是生活审美对现代线性时间的超越或救赎;生活审美使之重新回归具有重复性、循环性。

第五,生活于现代社会中的学者研究任何时代的"生活审美"都不可能脱离现代生存语境,也无法超越现代阐释学视阈。对任何时代"生活审美"问题的研究终究要回归此在,历史的研究旨归是当下的生存。

质言之,"现代化—现代性"是"生活审美""不在场的在场"。

(二)"生活审美"的主要特征

"生活审美"的主要特征有以下五点。

第一，感性①直观。"生活审美"的核心是在日常生活情境中审美，有强烈的身体体验性和感性色彩。与沉湎物欲横流中肉身感官的放纵不同，此处的感性指心（情）对理性（康德感性、知性、理性三分法中的理性）的直观和实在感，这种感性是内摄超越性的感性。感性直观使人们在生活审美活动中对生活与自身都达到了一种本质的直观。这种本质的直观使生活以原态本性显现为"在"，也使"我"以纯粹的本真状态显现为我的"在"。"生活"与"我"以自由、自在的纯然之态相遇，两者在会通中达到一种"共在之在"。列斐伏尔说在传统的日常生活中人与人、人与物之间具有极强的情感性，现代日常生活中人与人、人与物更多以工具的、理性的、功能的方式相对；传统的日常生活的时间具有闲散性，现代不仅是非日常生活时间，而且日常生活时间也具有紧迫性：所以，情感和时间是区分日常性和非日常性的两个重要指标。列斐伏尔关于日常性和非日常性的分析也适用于生活审美：情感（心体）和时间也是生活审美的两个重要指标：生活审美中人与人、人与物以主体间性的"我—你"相遇，以情感性态度相识相知；在生活审美中时间是主体性的时间，这种主体性的时间将自然状态中的物理时间拉长甚至使之暂停。从情感（心体）的角度来辨析，生活审美和"肉身巅峰"论者的显著区别在于：在生活审美瞬间个体的心灵充盈而自由，情感充沛而丰满；"肉身巅峰"状态中的个体精神则极度空

---

① 自2001年陶东风在《哲学研究》第10期上发表《日常生活的"美学化"——文化视觉转向的一种解读》一文以来，关于生活美学（日常生活审美化）的感性和理性（超越性）的论争就一直存在。以王德胜为代表的一方肯定美学的感性和生活性，认为感性和现实的日常生活具有丰富性、多样性、开放性，有鲜活的生命质感，所以应重视感性的生活美学并确定其理论的合法性地位。以杨春时、赵勇、毛崇杰等为代表的一方则认为"日常生活审美化"是一种异化的生活，是一种"眼睛的美学"，他们认为真正的美学应是杨春时倡导的"超越性美学"，其主张审美"对理性化的现实的超越"和对"感性化的现实（日常生活）的超越"。情理结构一直是美学探讨的一个核心问题，只不过在"超越性美学"那里，更强调理性对感性的主导性地位；在"生活美学家"那里，更强调生活感性活力对理性束缚的突破。双方均没有片面地只强调一方面。参阅王德胜《回归感性意义——日常生活美学论纲之一》，《文艺争鸣》2010年第3期；杨春时《"日常生活美学"批判与"超越性美学"重建》，《吉林大学社会科学学报》2010年第1期。

虚,他们渴望通过肉身感官的超强度刺激来激活将死之心、空无之心,结果却使肉身感官和情感(心体)更为麻木。从时间的角度来辨析:在生活审美的瞬间,个体将过去和未来融于当下此在,在情感上实现了"刹那即永恒";在"肉身巅峰"状态中,个体只有当下和此刻,瞬间肉体的满足即死亡和完结。

第二,根基性。它包括两方面内涵:一方面,生活是审美活动的原初场域,人类最初的审美是对自身生存行为(渔猎、采集)的审美。这些生存性活动有着人类学的深厚性。生活审美是审美活动得以持续进行的能量供给始源地,同时是审美最终的归宿地。另一方面,生活审美及相关的生活美学①是艺术哲学、哲学美学的基础。生活审美及相关的生活美学为第一性,艺术审美及相关的艺术哲学和哲学美学是第二性。从美学史看,早在旧石器时代人类就有意识地用贝壳、兽齿、鸟羽等装饰自己(见图0-4),用油脂、植物汁液或泥土涂身或文身以美化身体,作为生活用具的半坡彩陶上雕饰着抽象的鸟纹、鱼纹、蛙纹等(见图0-5),这些均可视为远古时代生活审美活动的实证。亚里士多德所述的"技艺性劳作"和庄子描述的庖丁解牛均为生产生活和艺术、美浑然未分的状态记录。在中国漫长的古代,弹琴鼓瑟并非一种表演型艺术而仅是操持者身心修养的一种方式,是日常生活的一个组成部分。今天称之为艺术的书法也仅是中国古人日常生活非面对面交流沟通的必需之物,被称为"天下第一行书"的王羲之的《兰亭集序》和被称为"天下第二行书"的颜真卿的《祭侄文》(如图0-6)一为记事、一为记人,均与个体的生活体验密切相关。西方历史悠久的人物肖像画因长期保留生者容颜的实用目的而存在。上述历史均表明中西方艺术、美与生产生活有着内在而深层的关联,生活审美

---

① 比较而言,"生活审美"侧重研究日常生活中审美活动,"生活美学"侧重研究生活审美理论、观念和思想等。但生活实践中的审美活动和生活美学原理本身存在着难以割舍的内在关联,所以二者虽各有侧重,却不能决然割舍彼此。

绪 论

及与之相关的生活美学是艺术哲学最原始的形态,而艺术哲学若想长期繁荣发展必须不断返回生活之源才能获得不断的滋养。同理,生产生活和(包括哲学在内的)上层建筑之间有着独特而复杂的内在关联性和互动性,但生产生活的先在性和决定性依然处于第一的、绝对性的地位。哲学美学虽以逻辑思辨和贴近真理为其存在特性,但生活审美及相关的生活美学依然为哲学美学的基本前提和先在样态。对此马克思已有深入阐述,此不赘述。

图0-4 阴山岩画上原始人的装饰

图0-5 半坡彩陶上的鸟纹和水纹的组合

图0-6 颜真卿《祭侄文》,涂抹处可见个体生活情感的自然流露

第三,动态历史性。社会生活变动不居,生活审美与粗糙沉重的生存活动骨肉相连无法分离,因而生活审美具有极强的动态性。考古学家和人类学家普遍认为,动物审美要早于植物审美。半坡彩陶上的图案多以鱼纹、蛙纹、鸟纹为主,澳大利亚土人将袋鼠、蜥蜴、蛇等纹样雕刻在棍棒或投掷物上:这是渔猎时期审美的主要内容(见图0-7)。到了农耕时期,人们便将植物花卉的纹样作为审美的主要内容。从动物审美到植物审美反映随着生产生活的变化,生活审美的内容及审美方式也随之变化发展。生活审美往往是时代文化最典型、最集中的展现(无论从积极方面还是从消极方面均如此):魏晋时期士人以消瘦为美,高挑的身形、清瘦的脸颊、洒落的言行,在清风吹拂下,衣袂翩飞,给人脱离俗世羽化登仙之感(见图0-8)。这种人体审美到唐代时骤然一变为以丰腴为美。强盛的国力、开阔的胸襟、蓬勃的生命力,这一切形成了这样的审美心态:凡能展示旺盛的感性生命力的东西就是美的,而丰腴的肉体便成为此时期最具有代表性的人体审美。与此审美心态极为类似的是西方的文艺复兴时期。文艺复兴

图0-7 澳大利亚土著人的棍棒

图0-8 魏晋名士风流,古代中国对人性和人体的审美

时期人性脱离了神性的禁锢，人们以表现强劲生命力的肉感为美。随后而来的巴洛克、洛可可时期随着尚武的君主专制统治的到来，对专制统治不会造成威胁的纤弱无力、细腻柔美的生活审美风尚形成：娇弱的身躯、苍白的面颊、纤细的小手、弱不禁风的身姿便成了美的代名词。中国两宋时期标榜韵致之美也和社会生活趋于平稳老成相关。上述中西方生活审美史均表明生活审美动态性和时代性。比较而言，生活审美更突出动态的内容，艺术审美则更突出静态的形式①。

第四，情境体验性和整一性：艺术审美经常有特定时空的要求，如绘画鉴赏需去美术馆，音乐欣赏需去音乐厅，艺术审美通过对时空的特定需求以此与生活尽可能剥离。生活审美与之不同，它以实用性为基础，以实用为美，直接在粗糙平凡的生活情境中展开。例如，繁忙工作间隙读一段喜爱的文字让自己放松，或喝一杯茶重新积聚精神，茶的清香、文字的精妙与日常生活贴合具有鲜明的实用性，但正是在这实用性中才更加凸显其在生活间隙中自由存在的审美意味。与艺术审美的静观不同，生活审美要求个体自我整体的全身心、全方位的投入和体验。例如，在进餐中通过嗅觉感受饭菜的芳香，通过眼睛来欣赏饭菜色泽的搭配，通过味觉、嗅觉来感受饭菜的可口，耳朵里流淌着舒缓的音乐，这时餐厅（日常生活中的一个普通场所）就变成了审美活动的场所，日常吃饭行为就变成了一次审美活动。此过程中不仅有物质满足（填饱肚子），也有精神愉悦（对色、香、味等全方位的体验）。在哲学美学和艺术哲学那里，视觉和听觉属于高级感官，嗅觉、味觉、触觉等属于低级感官。在日常生活的审美活动中，个体的全部感官均平等地共在共存，在"通感"中和谐共处，尽情享受生活。艺术审美的静观性有想象

---

① 除却生活审美历史的动态性，劳作美、技艺美、礼仪美因身体各部位直接、活跃的参与性更鲜明地体现着生活审美的动态性。参阅《美学原理》编写组《美学原理》（第一章第三节"审美本质及其逻辑"），高等教育出版社 2015 年版。

和代偿的性质，生活审美则具有"生理—心理"的全方位体验的动态性。

第五，普泛性和普世性。传统的哲学美学要求审美者需有一定的哲学思辨能力，如古希腊的哲学家或魏晋时期的士人；传统的艺术哲学要求审美者需要较高的艺术素养，熟悉相关艺术的语言符号。例如，对回文诗的欣赏（见图0-9），没有较高文学素养的人是难以理解其蕴含的缠绵的情意、往复的感怀和难解的相思之意的。这二者（指哲学美学和艺术哲学）均将审美局限于特定的社会阶层，权威身份、知识修养等成为审美的前提条件。生活审美是在世俗的、平凡的、琐碎的、片段的生活中的审美，虽然不同社会阶层的人在生活中审美的倾向性和审美获得的美感程度有明显不同，但各个阶层的人均可在现实日常生活中审美。这意味着生活审美中审美主体的普泛化。另一方面，日常生活中一切的活动行为和生活之物也潜在地成为生活审美的审美关联物，生活审美因此具有比艺术审美更宽泛的普世性。

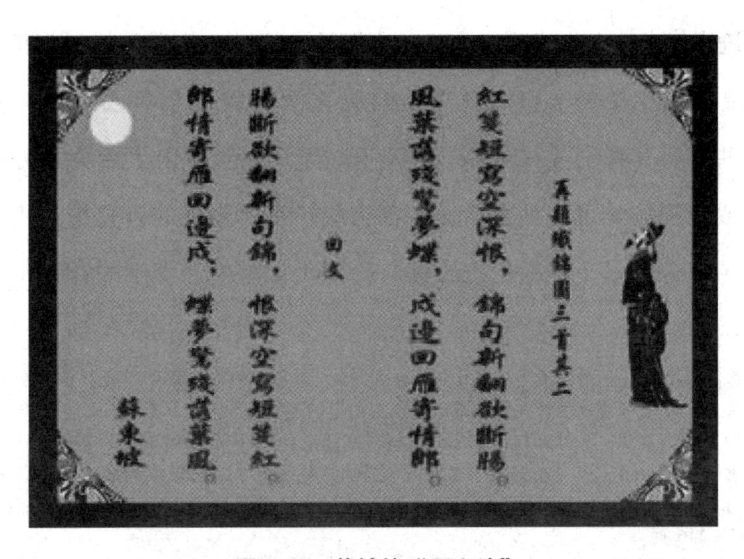

图0-9 苏轼的"回文诗"

(三) 一些区分

生活审美的探讨关联着生活美学,本小节通过对生活美学界域问题的探讨来进一步阐释生活审美。

生活美学的界域问题直接表现为生活美学和生态美学、生活美学和伦理美学、生活美学和实践美学、生活美学和社会美学四种关系。

第一,生活美学和生态美学的关系。高小康、鲁枢元认为生活美学应在文化生态学的范畴之内才有可能良性发展,刘悦笛则认为生活美学可吸收和容纳"环境美学"。① 生态美学和生活美学不具有彼此涵盖性,但它们在某些地方有交叉。由于中国古代人的日常生活和自然的关系密切,所以中国古代生活美学研究把生态美学囊括进来具有合理性;现代生活美学和环境生态美学的研究则可独立进行研究。

第二,生活美学和伦理美学的关系。韦尔施和刘悦笛认为,"美学是未来的生活伦理学""美学是伦理学之母",美学"应是伦理/美学的权威"②。薛富兴则认为,"'生活美学'之主旨当是以美促善,化美为善,以善为美,志在增进当代人的人生幸福。因此,我们又可将'生活美学'视为伦理学的一个分支。"③ 生活美学和伦理美学同属美学的次级学科,二者有密切联系,有些内容存在交叉(如中国的礼乐文化),但断定生活美学可包括伦理美学或伦理美学可包括生活美学都有些轻率。客观的研究是:建构生活美学必须充分考量个体的伦理维度,伦理美学是生活美学的脊梁④。

---

① 参阅高小康《生活论美学与文化生态学美学》,《文艺争鸣》2010 年第 21 期;鲁枢元《文化生态与生态文化——兼谈消费文化、城市文化与美学的生活化转向》,《文艺争鸣》2010 年第 21 期;刘悦笛《生活美学:是什么与不是什么》,《艺术评论》2011 年第 4 期。

② 参阅[德]韦尔施《重构美学》中"伦理/美学:美学的伦理学内涵与后果"一章,陆扬、张岩冰译,上海译文出版集团 2006 年版;刘悦笛《生活美学与艺术经验》,南京出版社 2007 年版,第 112—116 页。

③ 薛富兴:《生活美学——一种立足于大众文化立场的现实主义思考》,《文艺研究》2003 年第 3 期。

④ 尤西林:《心体与时间——二十世纪中国美学与现代性》,人民出版社 2009 年版,第 268 页。

第三，生活美学和实践美学的关系。李泽厚认为实践美学是生活美学的基础和前提，生活美学是实践美学的发展。① 刘悦笛则认为生活美学是对实践美学的超越②。二人的说法细析有较大差别。在论述清楚此问题前需先对"实践"一词进行准确理解。按照李泽厚的说法，"狭义的实践"指"使用——制造物质工具的劳动操作活动，亦即社会生产活动"③，"广义的实践"指"从生产活动中的发号施令、语言交流以及各种符号操作，到日常生活中种种行为活动，它几乎相等于人的全部感性活动和感性人的全部活动"④。不管是狭义还是广义，"实践"都具有人类学本体论之意。而"生活"在后现代哲学里（如在胡塞尔和海德格尔处）也具有本体论意义。在生产和生活浑然一体的前现代，生活美学的概念内涵要大于狭义的实践美学，在此意义上说"实践美学是生活美学的基础，生活美学是实践美学的发展"逻辑上有些问题。广义的实践美学则无论在前现代还是在现代均涵盖生活美学。在此种情况下说"实践美学是生活美学的基础"是有道理的，说"生活美学是实践美学的发展"则有悖于逻辑：生活美学仅仅是实践美学的一个组成部分。刘悦笛所说的"生活美学是对实践美学的超越"仅在狭义的实践美学的现代社会才较为准确，且用"超越"一词稍显用语过度。此外，李泽厚的实践美学更侧重从历史的纵向角度来研究，生活美学则更侧重从社会的横向角度来研究。

第四，生活美学和社会美学的关系。美学可分为自然美、社会美、艺术美和科技美。生活美往往被放在社会美章节之内论述。有学者提出社会

---

① 李泽厚曾劝勉刘悦笛说："要接着我的实践美学，去做你的生活美学！"以此可推断，李泽厚先生认为实践美学是生活美学的基础，生活美学是实践美学的发展。参阅韩天琪《刘悦笛："生活美学"的倡导者》，《中国科学报》2015年3月25日第5版。
② 刘悦笛：《从"实践美学"到"生活美学"——当代中国美学本体论的走向》，《哲学动态》2013年第1期。
③ 李泽厚：《实用理性和乐感文化》，生活·读书·新知三联书店2009年版，第3页。
④ 同上书，第4页。

美属于生活美学。按照"生活美学"中"生活"着重指"活生生的日常性"之界定，社会美涵盖着生活美的一部分内容。生活美学和生命美学。有学者论述生命美学是生活美学的前提和预备阶段，二者的相通处在节奏、韵律、旋律和氛围。但生活美学并不仅仅针对艺术哲学而来，其根本目标旨在恢复主客二分的世界，生命美学标榜叔本华、尼采的"生命意志"，倡导柏格森的"绵延"、克罗齐的"直觉"、弗洛伊德的"无意识"等。这些思想资源旨在通过肯定强调主体性的生命感受来反理性，本质上依然是主客二分的美学，和生活美学在根本方向上不具有同一性。

（四）相关研究方法探讨

"生活审美"和与之相关的生活美学在西方学者那里多采用社会学和民俗学的方法，但仅从社会学和民俗学视角来研究生活美学、生活审美会造成问题研究的单一性和片面性。为了更深入地探讨生活美学的相关问题，除上述两种视角外，还应采用人类学、哲学、伦理学、历史学等多重视角。具体到研究方法，雪莉·厄尔文（Sherri Irvin）认为应采用"家庭壁炉法"，阿诺德·伯林特（Arnold Berleant）认为应采用"介入法"，托马斯·莱迪（Thomas Leddy）提出应借助类似现象学概念的超功利主义方法，克莱夫·贝尔（Clive Bell）则提出了形式主义的方法（与此相关的是"艺术化或仪式化"的方法，超现实主义的方法属于此种方法的变形），艾伦·卡尔松（Allen Carlson）则认为日常生活美学的研究应采用认知的研究方法[①]。本雅明（Walter Benjamin）则认为"蒙太奇"的方法更适合描述日常生活的碎片化特点。[②] 这些方法虽有这样或那样的不足，但在生活美学的研究中依然具有一定的适效性。例如"家庭壁炉法"即

[①] 参阅［加］艾伦·卡尔松《日常生活美学的困境和出路》，《哲学动态》2013 年第 4 期。
[②] 参阅［英］本·海默尔《日常生活与文化理论导论》，周宪、许钧译，商务印书馆 2008 年版，第 76 页。

贴近现实的舒适感，能在日常生活的简单感官中寻找美的享受，这种方法比较适用于市民生活美学的研究。"艺术化或仪式化"的方法比较适合分析封建贵族的生活美学。纯然的审美态度的现象主义方法论适合分析中国古代文人的生活美学。作为一门人文学科，生活审美及与之相关的生活美学的研究应采用一些人文学科基本的研究方法，如理解、直觉、智慧、描述、个案性等均是很有必要的。将认知性与非认知相结合的研究方法对生活美学研究也较为适用。西方有学者已较为成功地用从经验到抽象，再从抽象回归经验的方法来研究日常生活中的审美活动（如西美尔在研究货币的审美性就用了此方法）。此处的经验走向抽象、抽象回归经验的方法即认知与非认知相结合的方法。应采用具有多元视角的"跨学科研究法"，既关注"自上而下"的逻辑概括和整体特性研究，又注重"自下而上"的感性实证分析和原始素材呈现。应弱化主体性立场，聆听他人的呼声和气息，努力趋近他人生活的原初性情境；要注意直觉的领悟或禅宗式顿悟，尽可能对他人生活有一个整体、清晰的"印象"，而非"定性判断"。

综上所述，"生活审美"研究与哲学美学不同，侧重研究审美活动；与艺术审美不同，侧重研究现实审美；在现代背景下与实践美学不同，侧重研究"活生生的日常生活"中的审美。其研究领域包括人们的日常起居、技艺劳作、文化礼仪、实用艺术和节庆假日等。其深层机理关涉"现代化—现代性"，其核心的功能和价值在于反对人性的分化，恢复个体的整一；"现代化—现代性"是生活审美研究"不在场的在场"。不同于纯粹的肉身狂欢的"快感"，生活审美的感性是内摄超越性的感性。生活审美及相关的生活美学是哲学美学和艺术哲学的基础，它具有动态性，在审美中要求在现实的情境中全身心投入切身的体验。与艺术哲学和哲学美学相比，生活审美不局限于特定的阶层、特定的时空、特定的感官而具有普泛性和普世性。与生活审美相关的生活美学和生态美学、伦理美学同属美学的三个次级学科,其内容既有交叉叠合之处,又有分离独立之处;和实践美学有着极为复杂的关系,需详细分析。对生活审美及相关的生活美学的研究应采用认知与非认知相结合的方法,经验的、描述性的方法在其中占有重要地位,主体间性是生活审美研究最基本的态度。但"生活"是原生态的未分化领域,其涉及经济学、政治学、宗教学、伦理学、民俗学、社会学、人类学等领域,所以对生活美学的研究不应局限于某一种方法,应尽可能地采用多样化、多视角的跨学科研究法去探究其丰富而饱满的意蕴。

四 "古代中国生活审美"的概念界定

"古代中国生活审美论"概念内摄以下四个方面内容。

第一,古代主要指以自然经济(渔猎农牧)生产方式为基础,以血亲或神意为纽带的人类社会形态。古代社会中的人以依赖性为显著特征,没有独立性,人依赖人(神),人(神)统治人。中国古代社会主要表现为人对"君"和宗长(族长)的依赖和依附,西方古代社会主要表现为人对"神"与领主的依赖和依附。[①] 从时段上讲,古代中国指从原始社会到清朝中期。古代西方指从原始社会到18世纪英国发生工业革命之前[②]。

第二,研究所涉主要对象是中国而非西方。中国是一个多民族国家,各个民族又有自己的民俗和审美习惯。限于笔力和精力所限,本书侧重研

[①] 按照马克思思想,现代社会以工业生产为基础,人的生存摆脱了人身的依附拥有了人格的独立及发展的自由,但人对物的依赖依然很明显。未来社会则既无人身依附,也摆脱了对物的依附,个人全面发展,人类共同的社会生产能力成为他们的社会财富。参阅《马克思恩格斯全集》第46卷(上),人民出版社1979年版,第104页。

[②] 文中涉及中西对比时,古代西方主要指第一次工业革命之前的欧洲大陆上的国家,如古希腊、古罗马、法国、英国等。

究以汉民族为代表的古代中国人的生活审美①。

第三,"生活"指日常生活,本书主要是从形而上存在本体论意义上对其进行使用。但鉴于中国传统形而上和形而下层面的贯通和不隔,所以在本书中有时也从形而下层面举例实证之。从形而下层面讲,古代的生活是包含日常性的宗教生活、政治生活、劳作生产、艺术活动和伦理生活等在内的广义的未分化的整一的生活。这种广义的生活概念在研究未分化的古代社会更具合理性。

第四,本书的"生活审美"区别于纯理论研究的美学原理,侧重研究在现实生活中的审美活动;区别于艺术审美的非功利性、形式性、把玩和鉴赏,侧重研究现实的日常生活本身的审美活动,具有浓厚的实用功利性、现实情境性、"身""心"动态性;亦不同于实践美学侧重强调的生产劳作之美,侧重研究包括生产劳作在内的日常生活的审美活动。简言之,本书研究对象古代中国的生活审美,是古代(而非现代)、中国(而非其他国家,以汉民族为主)、日常生活(具有存在本体论意义、广义的)的审美实践(非纯粹的美学理论、非艺术审美)。所涉领域包括中国古人的农业生产、日常起居、技艺劳作、文化礼仪、实用艺术和节庆假日等一切具有审美意味的活动。

这一论题范围极大,为了方便论述,论述以汉文化为重心,以中原和东南地区为主,兼涉上层贵族、士大夫文人、市民阶层和底层大众各个阶层。中国古代生活审美史论研究时间线漫长,形而下层面所涉内容极为庞杂,想要对其进行全面而精确的论述极为困难,因而本书侧重中国古代生活审美的横向板块式理论性概述而非史学形态的梳理。

---

① 在中国这个多民族国家中,汉民族不仅人口数量众多,而且其文化也最为发达。即使是在元朝蒙古族、清朝满族的少数民族统治时期,汉民族文化因着深厚和宽广依然是古代中华文化的主流。

第四节　研究对象、研究目标和研究方法

一　研究对象和研究目标

本书以"古代中国生活审美理论"为研究对象。本书的研究目标有二：一是深度区分"生活审美"和"艺术审美"，对"生活审美"进行精准界定；二是通过对古代中国生活审美倾向化的社会文化背景、民族特性、社会形态等问题的研究，分析中国古代生活的审美性；在现代化背景下，对古代中国生活审美的现代意义、价值及面临的问题进行一些初步的探讨。对此研究对象和研究目标有以下八点说明。

第一，"古代"相对于"现代"，"中国"相对于"西方"。在"古今"和"中西"的两对对比中，"古今"先于"中西"。所以，"古代中国生活审美论"主要是以古代生活审美和现代生活审美的比较为视角进行的研究（中国古代的历史远比西方要漫长，且有些边缘地区至今有古代生产生活方式的遗存，因此以中国为例研究古代生活世界的审美具有一定的代表性）。古代的生产生活以农业为主（四大文明古国皆如此）。农业生产使得人们随着季节变化而进行生产生活，耕种收获的生产生活节奏自然而合理，符合自然的运行规律，也符合人自身的生命活动规律，是自在与自为的有机统一，因而有着内在的和谐与美。现代社会以工业生产、信息传递为主，建立在工业生产、信息传递之基上的生活（现代分化后的与政治、经济、科学、技术等相对的狭义的生活）从自然身体和生命规律上来讲是违背人性、不利于人类和个体长远发展的，因而属于丑、荒诞等审美范畴。这种违背人性而又披有美之外衣的现代生活正是费瑟斯通（Mike Featherstone, 1946—　）等人批判的原因所在，所以"古今比较"是主要维度。

第二,虽然"古今"是主要视角,但依然穿插了中西比较的维度。古代西方由于主客观思维的过早分化、个体原子式的生存方式,由于宗教文化的影响,认知性和实践性的分裂等,形成了以认知和宗教为主要特性的社会文化。中国古代家国同构的社会组织和重视生命的文化取向,注重伦理践履性、宗族血缘泛情性。这些特性使得在中西比较的视野中,古代中国的生活比古代西方的生活更具审美倾向性。所以,虽然"中西"比较为次要维度,但依然是本书一个极为重要的维度。

第三,"古代中国生活审美"这一判断并非全称判断,即中国古代生活就是一种生活审美,确指对中国古代向审美倾斜的文化生活及相关现实生活审美活动的研究。对其研究并不否定中国古代生活具有的伦理性、政治性和经济性。质言之,中国古代生活具有丰富的多维性如伦理性、政治性、等级性、农耕性、审美性等,审美性只是中国古代生活多维性中的一维。但这一维并非湮没于多维性中藏而不露,在一定程度上这更能代表中国古代思想文化精髓的格式塔质。

第四,本书对"中国古代生活审美论"的阐释逻辑是"自上而下"的,但这只是行文方便而非"理论先行",是对"在中国古代生活中客观存在着较强的审美意蕴和大量的审美活动"这一事实的理论概括和总结。

第五,这一理论概括和总结的逻辑证明并不意味着审美与古代中国(人)生活的这种内在关联都可在现实生活中展开,而是指中国古代生活有向审美倾斜的趋向。这种趋向要落实于现实生活中还需诸多条件的同时满足(如一定的经济基础,个人审美心胸的形成,审美能力的高低等)。

第六,选题有一定难度,现象层面的生活内容又极为庞大,搜集资料相对也较为有限,所以本书虽以"古代中国生活审美论"为题,但在论述过程中事实上是以汉民族生活为主,对边区少数民族的生活审美虽有论述但并没有作为重点来进行分析。这种策略虽是为了论述的方便,但在理论上也具有合理性:中华民族的主体是汉民族,历朝历代汉民族的人群数量都居于首位（即使在元代和清代少数民族统治汉族的时期依然如此）；汉民族相对先进的文明深刻地影响了周边少数民族的生活，周边少数民族的生活在诸多方面和汉民族生活具有相似性，如四合院（见图0-10）是中国古代各民族民居的普遍存在形制，祖先崇拜（见图0-11）、以善为美也是中国古代各民族普遍存在的审美心理和审美习俗。

图 0-10　白族三坊一照壁与汉族的四合院形制极为相似

图 0-11　侗族民居里的祭祀，融祖先崇拜和天地崇拜于一体

第七，从审美的视角研究中国古代生活并不是要为中国传统摇旗呐喊或张目美化。中国古代的封建专制制度和过度强调封建伦理对民众个体的自由和创造竭力压制，是极端反人性和反审美的；农业宗法制遏制人类对自然的认识和开发，导致生产力长期缓慢发展。我们对此均应有清醒的认识并对之持否定和批判的态度，中国古代生活审美需经现代性洗礼才能重生。因此，在现代化背景下重新审视中国古代生活，以现代性视角批判汲取古代生活世界中有益于现代人生存的具有审美情趣和审美意味的生活态度和生活样态是必需的，也是可行的。

第八，对古代世界的研究当然要尽可能真实客观，但生活于现代社会的我们总会自觉或不自觉地带有现代的思维，"现代化—现代性"是现代人反观古代世界的原初的解释学视野。但正因为如此，我们才发现儒家礼制下人们日常生活言行举止中透出的审美意味。再者，研究古代终究是为了对现代人的生存困境做出回应，尽可能为其提供一种解决方案或思考理路，所以现代性是本论题不可或缺的一个研究视角，我们无法避免，也无须竭力逃脱。

二 研究方法

本书在研究中主要采用了"跨学科研究法"。"跨学科研究法"又名"交叉研究法"，是运用多门学科的理论、方法和成果，从整体上对某一课题进行综合研究的方法。本课题内容兼涉社会学（生活和风俗方面）、历史学和美学，内摄古今、中西两对比较，因而在研究中既使用了社会学、历史学研究经常使用的实地考察、个案研究、功能分析等研究方法，也使用了美学研究经常使用的查找文献、哲理思辨、分析归纳、理解描述等研究方法。"跨学科研究法"非常适合本课题的研究内容。

本书中多有使用民俗学、服饰学、建筑学、文学、舞蹈、音乐等方面的资料和素材，但并不意味着此书是这些学科的拼凑或简单的综合，而是要在审美的视野下对这些分门别类的内容进行更高的提升和整合，将其放在具有审美化倾向的生活世界中打通，还原其生活情境并让它们在"生活母体"中贯通为一①。

本书侧重对中国古代生活审美的原理性研究，在对古代生活审美进行宏观考察的同时必然会对众多细部、细节有所忽略或不予精细考量。法国历史学家布罗代尔（Fernand Braudel，1902—1985）的"长时段理论"认为社会学家应将孤立的"事件"置于跨时段的广阔的相互关联的社会生活网中进行研究才更为合理合法。本书将"古代"作为一个"长时段"进行整体性研究，正是为了宏观地对古代生活审美的基本原理进行较为合理、合法的研究。

由于各方面条件所限，本书对中国古代生活的审美性研究只是一种尝试性的研究，粗浅而不成熟。但这种粗浅和不成熟并不意味着其研究的无意义和无价值。关于中国古代生活（不是艺术）审美的理论性探讨尚处于起步阶段，所以本书虽则粗浅，相关方面的探讨却具有一定的开创性意义。

---

① 现代文化中生活美学的相关理论是各门艺术学科之纲，可以驾驭和统摄各门艺术学科，其理论上的深度和广度对实用艺术更具有阐释性。生活美学也因这些学科资料和素材的填充使其更为血肉丰满。中国古代生活审美的理论研究应对生活中各个领域内的审美现象起统摄、驾驭、阐释之功能，而古代生活审美的理论也因着这些具体生活审美内容的加入而变得骨健肉丰。

第一章　古代中国生活审美化倾向的社会与文化背景

有学者感叹中国没有宗教文化却延续了几千年。没有宗教文化的中国人如何在现实人生中追寻生命的意义和价值呢？西方许多学者如阿诺德（Matthew Arnod，1822—1888）、王尔德（Oscar Wilde，1854—1900）、马拉美（Stephane Mallarme，1842—1898），虽然所持观点不尽相同，但都赞同艺术（审美）可为人类提供生存意义和价值依托，在世俗化的社会中艺术（审美）可取代宗教而成为价值意义的中心。马拉美说艺术赋予短暂逗留于世间的人们真实性，阿诺德则说人类必须求助于诗歌来获得对生命的解释，给我们慰藉，获得活下去的勇气①。中国的蔡元培、方东美、李泽厚等学者也提出应以"美育代宗教"。事实上在这些类似的说法未提出之前，艺术和审美在中国几千年的历史中一直占据着类宗教的地位。"礼乐文化"是先秦时期各个诸侯国都致力于建设的实践文化，其中"乐"为"礼"服务，虽然并不等同于专业分化后艺术种类中的音乐这门艺术，但其在未分化的形态中依然持有自己的艺术品性即审美情感的抒发。尽管受制于"礼"，但在实践活动中依然会有美的感受。赋诗、跳舞是上层贵族基本的必备的生活技能。从贵族阶层中分化出来的"士"不仅谈古论今，还能写诗作文。为

---

① 参见［美］理查德·舒斯特曼《艺术与宗教》，《诗书画》2013 年第 3 期。

了修身养性，他们中多数人还会弹琴鼓瑟，手不离笔练习书法。上文列举的诗文、琴瑟、书法与生活紧密贴合本身就是生活行为，与现代意义学科分化之后作为艺术的诗文、琴瑟、书法不同，但这些本身带有艺术性和审美性的活动依然极大提升了他们的艺术修养，丰富了他们的生活情趣。文化主导者对艺术性和审美性活动的青睐对其他阶层的人们具有范导性作用。由于物力、财力、精力所限，各阶层未能将这些审美性活动全然效仿，但时常会宣之于口、挂之于心，一有机会便竭力模仿。这种在生活中审美的倾向历经战火洗礼虽几次短暂中断，但仍继承下来，成为中国古代社会的独特性标识。

"生活"一词并非仅仅指物质生产，但物质生产仍是生活之基。与现代社会由于分化和专业化导致生活与经济、政治、科技、艺术、宗教分化性不同，古代社会的生产生活具有整一性，所以论述中国古代生活的审美倾向性必须从其生产方式开始。中国古代社会是农业生产。早期农业生产落后而低下，这使得人们的生存极为艰难。解决这种艰难有两条途径：一是通过幻想天国、上帝、万能的神祇获得臆想性安慰；二是人们专注于现世生活，倾力解决眼下生存困境。虽然在特殊时期佛教普及范围较广，但在整个古代的历史长河中，中国古人更倾向走第二条道路。他们一方面倾力进行农业种植，辅之以采集、捕猎、手工制作等方式来满足基本生存所需；另一方面又极疼惜、极尽情地享受这来之不易的生活所需之物。美食的享乐成为生活审美很重要的一个方面，以此为基点扩充对美物（如陶瓷、鼎等）的创造和实用审美，再扩充到对整个现世生活的审美。可以说，经济、道德、审美是中国古代生活中的三维核心，道德和审美在某种程度上共同构建了中国古人生活的意义价值层。在中国主流传统中，"合德为美"又将道德和审美有机相连，构建了古代中国独有的"德性生活审美"。

人类历史源远流长，审美活动始终与人类历史相生相伴。即使在物质生活匮乏的历史时期，人们闲暇时也自觉或不自觉地在日常生活中进行审美。旧石器时代的山顶洞人将石珠、兽齿、贝壳佩戴在身上以之为美;西班牙的先民们在狩猎前对着阿尔塔米拉洞壁上栩栩如生、极具艺术性的野猪、野马和赤鹿形象进行祈祷活动,均昭示着生活与审美一体性。但中国独特的地理人文环境使中国古代的日常生活和审美有着深层而普泛的关联。商周时中国古代理性意识的觉醒使宗教失去生存土壤,遂使中国古人的精神情感趋向审美的方向,所以审美(及相关情感)在古代中国社会生活中占有重要维度。中国古人在日常生活中的一言一行不仅要符合"礼"之规范,还要有"乐"之典雅。礼之规范、乐之典雅就是生活审美本身。中国武术美与西方拳击美不同,虽要求准、狠,还有形式的美感,但根底在养生、强身。炸药创造出来也主要用于制作鞭炮,进行节庆假日的娱乐和生活审美而非作战。甚至便溺之厕也竭力使其审美化:帝王将相之便器被称为"伏虎"或"虎子",用玉或檀香等名贵材质制成,饰以珠宝,奢华异常;《世说新语》载石崇家厕内站立者服饰华丽的婢女,放置着甲煎粉、沉香汁,有绛纱帐大床,还有为如厕者准备的更换衣物;《云林遗事》载明代贵族的厕所底部放着鹅毛,粪便下则鹅毛起;即使普通民家的厕所也张贴些"诗画斗方"[①]。美渗透于中国古代生活的各个方面,审美是中国古代生活的重要一维。

中国古代日常生活审美具有历史传承性。旧石器时代山顶洞人就将贝壳、兽牙兽角挂在身上,用赤铁矿粉撒在死者埋葬地周围进行祈祷,实用和审美融于一体。新石器时期仰韶文化半坡遗址挖掘出来日常器皿彩陶上雕绘着几何纹、鱼纹、鸟纹、蛙纹等,器形或为鸟形、猪形。信巫好祀的殷商时期国君率众起舞为"万舞"。周代时周公制礼作乐,礼成为人们日常起居言行举止遵循的范导性生活样态:外交活动中歌赋和答,射箭时彼此作揖行礼,伴着玉佩发出的悦耳之音行走,踏着佩玉摆动的节奏起步……中国古代生活审美样态已基本成型。秦汉时期特别是汉代,经济的繁荣和国力的增强,贵族们

---

① 伊水文:《古代中国札记》,中国社会出版社1999年版,第93页。

经常进行狩猎活动，宴饮歌舞盛行，驻足欣赏"百戏"成为时尚，上至天子诸侯下至黎民百姓都喜在街头驻足欣赏百戏。此时的百戏主要在街头进行，还未脱离生活成为一种独立的艺术形式（见图1-1）。

图1-1 山东滕州出土的汉画像石上的乐舞百戏

魏晋时期社会的动乱为人们精神的自由打开了极大的空间，《世说新语》中记载着魏晋士人不拘礼法、挥洒性情率性真实的日常生活，他们手捧"三玄"以清谈为乐，在湖边弹琴、饮酒、唱歌，这些日常活动均具有审美意味。唐宋时期是中国古代生活审美的一次高峰。唐代妇女在节庆假日出游（见图1-2），文人游学并饱览山河美景。由于两宋时期都市商业的繁华和皇帝的身体力行，士大夫们上行下效，他们唱歌喝酒品茶，狎妓冶游，填写新词（填词作曲是士人日常生活的一个组成部分而并非后人认为的纯艺术），使用瓷器，尽情在现实中过审美的生活。明清帝王钟情于诗文书画，泰州学派"百姓日用即道"的思想，城市商业活动的繁盛，使上至帝王大臣、文人士大夫，下至市民农民都尽可能在生活中进行现实的审美。家具设计和园林建筑兼顾肉体的舒适和精神的愉悦（见图1-3），成为明清生活审美的突出代表，是中国古代生活审美史上的又一高峰。上文仅是对中国古代生活审美历史的粗略勾勒，尽管各个朝代生活审美的具体呈现不尽相同，但中国古代的生活和审美却与内在深层的普泛关联。辜鸿铭说，中国人的性格特点是"深沉、博大、淳朴"和优雅①。中国人有浑厚、圆滑，与世无争的和平天性，有欣赏生命、虔敬宇宙、直观静省的内心生活；这正是审美的人具有的品格特性。香港学者金耀基也认为"中国文化之基本性格是艺术的、道德的"②。

图1-2 唐代妇女节庆假日骑马出行游玩

图1-3 形式美和生活审美合于一体的明代木椅

---

① 参阅辜鸿铭《中国人的精神》，安徽文艺出版社2011年版，第4页。
② 金耀基：《从传统到现代》，中国人民大学出版社1999年版，第192页。

上述实例均说明审美是古代中国生活极为重要的一个维度，因此方东美、梁漱溟、牟宗三、蔡元培、李泽厚等人才对"美"寄予厚望，倡导"以美启真""以美储善"，以"美育代宗教"。第一章着力对中国古代生活与审美普泛关联性的深层根源进行阐述，以证明虽然自古以来世界各国的人们都在现实生活中进行着形式各样的审美活动，但与其他民族不同，"美"是内摄于中国古代生活中一个不可或缺的维度。

古代中国生活审美化倾向和中国汉字有关。汉字具有象形性、指示性、会意性、绘画性（见图1-4），这些均和审美关联密切。汉字具有审美特性，汉语也具有一定的审美特性，汉语词语具有多义性和模糊性，语法具有灵活性和随意性，特别是它的节奏感、韵律性与审美的联系尤为紧密。辜鸿铭说汉语是一种"心灵的语言，一种诗的语言，它具有诗意和韵味"[①]，即使古代中国人的一些散文，读起来也像一首诗。极具审美特性的汉字和汉语在中国古人数千年的实践中积淀为人们追求美好事物的敏锐工具，建构着具有审美特性的思维方式和生活方式。中国古代生活的审美化倾向也和中国人的思维方式有关。由于生产方式和生活方式的不同，中国古代在进入文明时代的进程中没有经过与自然万物的"断脐阶段"，因而更多地保存了人与自然、人与社会的天然联系，更多地保留着从氏族社会遗留下来的原始情感，从而在思维方式上更多地保存着感性和理性交融渗透的原始状态。感性和理性互渗互融的状态也正好是审美的思维方式。但仅从语言文字和思维方式来探讨中国古代生活审美化倾向形成的根源尚嫌浮浅。

---

① 辜鸿铭：《中国人的精神》，安徽文艺出版社2011年版，第144页。

图1-4 甲骨文十二生肖，中国具有审美意味的象形文字

农业时代形成前漫长的植物采摘方式及在此基础上形成的饮食习惯和大脑发育也是中国古代生活审美的重要因素之一。考古学家和历史学家普遍认为，中国史前先民主要生活在北纬20°—45°的温带和亚热带区域，季风使大部分区域雨量充足，较高的温度和充足的雨水使远古东亚大陆上生物种类异常丰富，通过植物采集获取食物较为便捷。漫长的母系氏族社会和丰盛的植物种类形成了中国古人以植物性食物为主、动物性食物为辅（不同于欧洲先民以动物性食物为主、植物性食物为辅）的饮食结构："中国地理环境中生成的自然生态系统给中国区域内形成的人类主要提供了植物食物……考古发现证明，中国早期人类漫长进化历程中，虽然也靠渔猎获取部分肉食，不过，主要获取的食物能量还是采集植物果实、块根和茎叶。"① 这种饮食结构影响了中国人大脑的发育，使中国人偏重于用大脑两半球的平衡作用来进行语言思维，欧洲人偏重于用左脑进行语言思维。用大脑两半球的平衡作用来进行语言思维使得中国人的思维具有形象性、整

---

① 刘汉东：《灵魂与程序——中国传统政治文化分析》，国际文化出版公司1989年版，第13—14页。

体性、直觉性、情感性等和审美思维相关的特点①。

汉字语言的分析、大脑思维的分析均不能从根底上清楚阐述古代中国生活的审美倾向。只有从小农式的经济生产方式、家国一体的社会结构和独特的生命文化入手，才能对此进行清楚的阐述。

第一节　小农经济与古代中国生活审美化倾向

把社会发展历史进步仅仅归根于自然地理环境因素是片面的、单一的，容易陷入环境决定论。围绕着人的地理环境是促进生产力发展的第一推动力。人类切实需在一定的自然环境中才能生存和发展，离开此地理环境和为适应此地理环境而进行的生产方式的考察，我们就无法准确理解其生成和发展过程。格罗塞（Ernst Grosse，1862—1927）说："生产事业真是所谓一切文化形式的命根；它给予其他文化因子以最深刻最不可抵抗的影响，而它本身，除了地理、气候两条件的支配外，却很少受其他文化因子的影响。"② 因此，在警惕环境决定论的同时，我们分析研究古代中国生活审美，依然要回归本源，对中国古人生存的自然地理环境以及与此相适应的生产方式进行考察，才可能对这一问题理解透彻。

小农经济是中国古代生活审美的经济基础。小农经济属于自然经济。自然经济的生产生活依存于天体运行形成的昼夜、季节和山川地理，动植物繁殖、成熟衰亡等自然条件。依存于自然条件的自然经济形成的时间观为循环式时间观。古埃及依循尼罗河涨落分为三季，印度次大陆因雨水降

---

①　参阅刘汉东《灵魂与程序——中国传统政治文化分析》，国际文化出版公司1989年版，第141页。

②　[德]格罗塞：《艺术的起源》，蔡慕晖译，商务印书馆1998年版，第29页。

落多少分为雨季和旱季,渔民因鱼类产卵和成熟分为淡季和旺季,中国则依四时变化有农历节令①。

中国古代黄河和长江流域土地肥沃,人们很早就懂得在肥沃的土地上种植农作物。农作物的生长完全依赖大自然的恩惠:风调雨顺即可粮仓丰满,雨涝旱灾即会减产。为了生存,古人通过观察天象来确定时间。《尚书·尧典》记载:帝尧"乃命羲和,钦若昊天,历象日月星辰,敬授人时",并发布诏令:"咨!汝羲和,期三百有六旬有六日,以闰月定四时成岁。允厘百工,庶绩咸熙。"可知在上古时代,人们就已经有了年(岁)的概念,界定一年为"三百有六旬有六日"。"年"为中国古人最长的时段。古人不太关注年代的流逝,他们关注的是一年中四季的变化。人们在年复一年的时间流逝中,顺应时节变化来安排生产生活,所谓"春耕夏耘秋收冬藏",长久地依循二十四节气生产生活,极具节奏性和韵律性。在四时循环的时间节奏中,人们安稳而闲适,"日出而作,日入而息"。因循环(圆形)式时间观不仅无三维(过去、现在、未来)分化,而且具有可逆性,所以人们没有焦虑感,他们的心安放于自己的身躯之中,处于一种身心的和谐状态。正如尤西林先生所说:"古代人循环且缓慢(漫长)的时间与农牧业劳动方式相对应,自然经济将天体运转为中心的自然时间(日出日落、雨季旱季、河流涨落、四季荣枯)作为人类的生命尺度坐标,'日出而作,日入而息,帝力与我有何哉'。"②这种时间观在以下两个方面与审美相关联:一是这种极富节奏感和韵律性的生产和生活正好契合人的自然生命节律,从而使古代的生产生活具有了审美意味。二是夏季和冬季以及春耕秋收结束后中国古人的生活较为悠闲,人们在悠闲的生活中有更多心思情趣体悟宇宙自然的内在规律。朱光潜先生说"慢慢走,欣赏啊"③,生活节奏

---

① 参阅尤西林《心体与时间——二十世纪中国美学与现代性》,人民出版社2009年版,第9页。
② 尤西林:《人文科学导论》,高等教育出版社2002年版,第56页。
③ 朱光潜:《谈美》,广西师范大学出版社2004年版,第89页。

较为缓慢人们才有时间和精力去体验生活、感悟蕴含在生活中的美（闲适极其有利于生活审美。与现代相比，古代生产生活方式更易于审美活动的展开）。西方在东罗马帝国时期将由犹太教一支发展而成的基督教确立为国教。犹太教的苦难意识和赎罪意识使人们幻化出在"千禧年"时耶稣会重新降临拯救人类，时间轴由此被拉长为线性时间观。线性时间观有过去、现在、未来三维，人们生活在现在，忧虑着未来，因为人们不知道明天、未来的生活如何。即使当下的、现在的生活丰足富裕，也时刻怀着一种对未来的担忧和焦虑。为了让未来的生活变得稳定一些，他们会无休止地猎取财物。人们的心无法放在"现在"，只得放在"未来"的时间维度上，因而身体疲于奔命而使心、身双重疲惫不堪，身心分离导致生活审美实践较为困难。

古代中国的时间和空间可同构互换：时间空间化，空间时间化。《尚书》载帝尧派羲和四子（羲仲、羲叔、和仲、和叔）分别奔赴东、南、西、北四方执掌春、夏、秋、冬四时：

> （尧）乃命羲、和，钦若昊天，历象日月星辰，敬授人时。分命羲仲宅嵎夷，曰旸谷。寅宾出日，平秩东作。日中星鸟，以殷仲春。厥民析，鸟兽孳尾。申命羲叔宅南交，平秩南讹，敬致。日永星火，以正仲夏。厥民因，鸟兽希革。分命和仲宅西土，曰昧谷，寅饯纳日，平秩西成。宵中星虚，以殷仲秋。厥民夷，鸟兽毛毨。申命和叔宅朔方，曰幽都，平在朔易。日短，星昴，以正仲冬。厥民隩，鸟兽鹬毛。①

羲和四子在四方掌管四时，四子既是空间的代表又是时间的代表，四

---

① （汉）孔安国传，（唐）孔颖达正义：《尚书正义》，黄怀信整理，上海古籍出版社2007年版，第38—40页。

子即时空合一者。中国古代文明主要发源地黄河流域和长江流域属于北温带气候,一年四季分明,人们对四季的认识不仅可通过周围植物的生长、动物的活动、日月星辰的变化来确定,也可通过风向来确切感知①。这种季风性气候将时、空融为一体。时间主动,空间主静,时空合一的意识使中国古人的生活一动一静,动静相宜。中国古人的生产生活以农耕为主,他们在春、夏、秋三季里进行农田劳作或手工生产,在冬天的时候休息、读书或娱乐。这种节律性的生产生活年复一年,极具音乐性、艺术性。宗白华先生说中国古人的"空间和时间是不能分的,春夏秋冬配合着东南西北……时间的节奏(一岁十二月二十四节)率领着空间方位(东南西北等)以构成我们的宇宙,所以我们的空间感觉随着时间感觉而节奏化了、音乐化了!"② 季风性气候和农业生产使中国古人时间空间化、空间时间化了。这种时空合一使生活于其中的人们的生活极富审美韵律。

从事渔猎和游牧生产的民族为了生活不得不追逐动物行踪而四处迁移,从事农业生产的民族由于农作物的静止不动而生活较为安稳。人们世代驻留于一相对确定的空间,这使人们对生于斯、长于斯、老于斯的一方水土极为熟悉。"熟悉是从时间里、多方面、经常的接触中所发生的亲密的感觉"③,熟悉而来的亲密感使人们将自己的生命和情感付诸所遇之物,所以中国古人有种类似于维柯(Giambattista Vico,1668—1744)所说的"诗性智慧",他们以己度物,将自己的身体观念和喜怒哀乐之情移诸所见之物而使其泛生命化了。在采集和谷类种植基础上发展起来的以人和植物关系为主的农业生产其特点是"靠天吃饭",几乎所有中国古人对大自然都极为依

---

① 春天春风从东面吹来,轻柔温暖;夏天夏风从南面吹来,干烈燥热;秋天秋风从西面吹来,萧瑟而清冷;冬天北风从北面刮来,凌厉而寒冷。春季—东方,夏季—南方,秋季—西方,冬季—北方。"(季)风"将时空合一。
② 宗白华:《美学散步》,人民出版社2014年版,第106页。
③ 费孝通:《乡土中国》,人民出版社2009年版,第9页。

顺。与古代西方相比,古代中国的新石器时代特别漫长①,此意味着中国古代有漫长的谷物采集、种植和农业生产生活史。长期对大自然的依赖和顺从积淀成中国特有的"天人合一观":古人认为人的生命植根于宇宙自然,人可以从五谷杂粮等食物中获取大自然(地母)的生命力;人是大自然的一分子,人生命的延续及生命力的强盛均与大自然的生长变化密切相关。上述缘由使中国古人对自然万物抱有一种天然的亲和态度,古人在对自然的敬慕和亲近中找到了身体和心灵的栖息之地,体验着生命的自由和舒畅,感受着生命之美。

中国古代的农业经济是"匮乏经济"②,农业经济造成的物质匮乏使中国古人处于基本的温饱状态。但如无天灾人祸每年又会有基本固定的收成而不必担心食不果腹。钱穆说农人"生产有定期,有定量,一亩之地年收有定额,则少新鲜刺激。又且生生不已,源源不绝,则不愿多藏"③。缺少物欲刺激的古人安于现状,将多余的精力专注于对生活之物的审美创造中。匮乏经济导致古人对"物"极为珍惜,遂形成"利用厚生"的观念,尽可能"尽物之性"。"厚生"和"尽物之性"使人们对物珍爱异常,竭力以审美的眼光、爱的情感使用物。与中国农业文明不同,游牧、商业文明有鲜明的财富观。重财富有两个特点:"一则愈多愈易多;二则愈多愈不足。"④欲望的本性是贪婪,财富会进一步刺激欲望的贪婪,这迫使游牧民族和商业民族倾力追逐财富,较少顾及宇宙自然人生之美象(考古发现古希腊已有星象学研究,但这种对宇宙自然的探索更多倾向于客观理性层面而非审美层面。现实生活中的审美——如体育竞技、酒神节狂欢——又较侧重身体肉性的层面,不同于中国古代生活审美的身心一体)。对欲望的追逐使他

---

① 中国在1万年前进入新石器时代,到公元前3000年前后结束。
② 费孝通:《乡土中国》,人民出版社2009年版,第243页。
③ 钱穆:《中国文化史导论》,商务印书馆2012年版,弁言。
④ 同上。

们的生活审美也以冒险、刺激等为主要倾向。

  农业经济时节性较强,种植和收获如不能按时进行,就会导致今岁食不果腹。在生产力比较低下的古代,人与人需通力合作才能保证农业种植和收获按时进行。中国古代的农业生产经常是以家(族)为单位进行的,人与人的通力协作经常是族人之间的相互配合。这使得中国古代特别重视人与人之间人情的培养,注重人与人之间和谐的交往,人际审美(在古代突出表现为礼乐文化)得以形成。与古代中国相比,西方文明发源之一的古希腊由于本土多山石、土地贫瘠不适合农业生产,漫长而曲折的海岸线及地中海众多的岛屿使他们以渔猎为主要生活方式。小型的捕鱼对人与人之间的合作要求较低,形成了西方传统文化中主体意识及个人主义。这种主体意识及个人主义不太利于人情的培养而使其生活较缺少审美意味[①]。中国的农业生产使古人有强烈的乡土意识。《周易》载:"安土敦乎仁,故能爱。"《礼记》说:"不能乐土,不能乐天;不能乐天,不能成其身。"安土、乐土意识就是乡土意识。安土、乐土关系仁德之修养,不能安土、乐土就不能修人。乡土意识带有浓厚的乡土之情。民谚云:"人离乡贱,物离乡贵""乡亲遇乡亲,说话也好听""宁恋本乡一捻土,莫爱他乡万两金。"这种乡土之情表现在日常生活中即安土重迁,老死乡里。"守望相助,疾病相扶持"(《孟子·滕文公上》)写实地展示了乡里乡情互助互爱的情谊流淌的日常生活。"土居三十载,无有不亲人。"(《警世通言·俞伯牙摔琴谢知音》)村落里每个人都彼此熟识,熟人环境对个体行事有种自然的约束力。在此环境中人们为人做事也充满了人情味,因而具有较强的审美意味。

---

  ① 在中西比较视野下,西方古代现实生活中个体英雄主义崇拜即个人主义和主体意识在现实审美中有突出表现。中国古代社会家族文化特别注重人情的培育,现实生活审美也倾向于人与人之间、人与自然之间的社会美、自然美。中国古代社会个体不凸显,因而个体审美性不太凸显。即使有,也侧重于人格德性美,而非西方(反映现实的)神话中的英雄主义或中世纪时期的冒险精神。

第二节 家国同构与古代中国生活的审美化

"家（族）—国（社会）同构"① 是中国古代生活审美依存的社会政治结构。"家国同构是指家庭、家族和国家在组织结构方面的共同性。由于中国的经济基础一直处于商品经济不发达的小农经济占主导地位的状况，所以与这种生产方式相联系的家族制度也深深地根植于数千年中国社会结构之中，使国家结构也打上了家族结构的印记，家与国的组织系统与权力配置都是严格的父家长制。在中国，奴隶制国家和封建制国家是按地缘原则建立起来的，不同于原始的氏族部落，但却始终未能摆脱氏族血亲宗法关系的纠缠。"② "家（族）"是中国文化的基石，家（族）以血亲为基础，国家（社会）以"礼""仁"为基础。从个体的发展、人性的自由讲，家国同构是极其野蛮的，父权、君权常以伦理道德为名残杀子辈或臣子的自主意识和自由意志，子辈和臣子经常需压抑自己的情感和意志遵从或臣服于父权和君权。家族制度严重阻碍了个人主体性的形成，同时阻碍了个体自主性的形成和自由精神的发展。韦伯说家族制度的"关系取向不能发展出团体，因而不能生长出具有普遍性的宗教和法律"。但一事均有好坏两个方面，从另一角度讲，中国的家国同构则有朝审美方向倾斜的可能性。

---

① "家国同构"指以家族为基本单位来维系国家存在的独特方式。家（族）、国（社会）的稳定主要依赖伦理道德的力量。家（族）、国（社会）具有泛道德性和泛情感性。
② 张岱年、方克立主编：《中国文化概论》，北京师范大学出版社1994年版，第62—63页。

一 "家"—"宗族"

美国学者许烺光先生说，无论在中国、西方还是在印度，家庭（表现为氏族）都是"初始集团"（指人类社会原始时期形成的团体）最为重要的一种关系①。每个氏族都有图腾崇拜，并且各氏族都相信自己的氏族和其崇拜的图腾有血缘关系②。但是在"第二集团"形成时，"希腊人抑制了图腾崇拜中的血缘因素，而将其中的自然因素神秘化，从而导致了西方式的宗教文化……中国人抑制了图腾崇拜中的自然因素，而将其中的血缘因素世俗化，从而导致了儒家式的伦理文化……印度人同时利用了图腾崇拜中的两大因素，一方面将其自然的成分神秘化，一方面将其血缘的因素宗教化，从而形成了印度特有的种姓制度"③。

西方出现较早而且发展较为成熟的私有制斩断了古代西方人与人之间原始的亲情血缘关系，因此在古代西方个体便多呈现为各自独立的原子状态。图腾崇拜转变为宗教文化，宗教文化又进一步抹杀泯灭着世俗亲情，因为只有泯灭世俗亲情人们才能更加专心侍奉信仰上帝（所以世上大多数宗教多要求信奉者"出家"）。上述二者导致西方传统文化对家庭重要性的忽略。柏拉图认为，家庭生活追求经济利益，家庭道德非常有限，精英不会从家庭生活中产生。传统的西方哲学家普遍认为家庭是次要的，他们倡导的个人主义具有非家庭性、非社会性。在家庭和个体的关系中，个体（和建基于个体基础上的团体）是第一位的，家庭要以服从个体为基本原则。因此古代西方的家庭不太稳定，在家庭生活中进行审美相对困难。与之相反，古代中国家庭具有根基性、本体性，家庭是德性培养的重要基地，

---

① 参阅[美]许烺光《宗族、种姓、俱乐部》，薛刚译，华夏出版社1990年版，第7页。
② 参阅梅新林《祖宗崇拜起源论》，《民俗研究》1994年第4期。
③ 参阅陈炎《古希腊、古中国、古印度：人类早期文明的三种路径》，陈炎主编《文明与文化》，山东大学出版社2006年版，第54—85页。

个人需以服从家庭为第一原则。陈炎先生说:"毫不夸张地说,谁若理解了中国的家族血缘关系,谁就掌握了打开中国文化之门的钥匙。"① 钱穆先生说:"家庭和宗庙,便是孔子的教堂。"② 在中国古代,个人不被作为独立单位,家族才是独立单位。政治博弈时失败者要株连九族,升官发财者则是"一人得道,鸡犬升天"。《诗经·棠棣》中描绘的"妻子好合,如鼓瑟琴。兄弟既翕,和乐且湛。宜尔室家,乐尔妻孥"就是古代的幸福之家,就是中国古人的天堂。祠堂集家族与宗庙为一体,是中国传统文化的重要载体(见图1-5)。

图1-5 江西婺源乐叙堂,祠堂是集家族和宗庙为一体的文化载体

家族血缘关系是古代氏族社会的遗物。从字源上来说,"帝"是从图腾崇拜向祖先崇拜转化的过渡形态(见图1-6),"祖"字是由崇尚男性生殖血缘能力而来的祖先崇拜,"宗"则标志着要把祖先放在宗庙中进行祭祀而

---

① 陈炎、张艳华:《家族血缘关系在中国文化中的作用》,陈炎主编《文明与文化》,山东大学出版社2006年版,第103页。
② 钱穆:《中国文化史导论》,商务印书馆2012年版,第84页。

不仅仅是筑坛露天祭祀,是祖先崇拜的成熟形态①。原因有二:其一,由于中国长期的小农经济生产方式,生产力发展缓慢(现有考古资料证明,直到春秋时期,青铜和为数不多的铁制品均为礼器,张光直在《中国青铜时代》一书中说:"在青铜时代开始之前与之后的主要农具都是耒耜、石锄和石镰。"),剩余财富也极为有限,私有制之利刃没能彻底斩断氏族社会的家族血缘纽带。其二,中华文明发源的主要地区黄河流域、长江流域经常会发生水灾,人们需要强有力的社会组织和大量的人力去治理频繁的洪涝。抵御洪涝的共同活动会加强人们的血亲关系。一方面剩余财富的有限导致私有制不能充分发展,血缘关系无法被斩断,另一方面家族农业劳作和抗洪活动又进一步强化着家族血亲关系。强化了的家族血亲是家族之本,"家族"不仅是一般意义上的日常生活状态,而且是生命无限承续性的载体,在中国文化中具有存在论地位。

| 甲骨文 | 金文 | 小篆 |

图1-6 "帝"的三种古字形

家族血亲具有极大的向心力和凝聚力,身处其中的每个人都不是一个有自我意志、能自由支配个人行为的个体,而是庞大家族之网上的一个点。不论从情感方面还是从行为方面,尽管置身其中之人几无自由可言,但同时,这种缺少自由的状态又可使个体无须到彼岸世界去寻找情感寄托,在

---

① 参阅陈炎《古希腊、古中国、古印度:人类早期文明的三种路径》,陈炎主编《文明与文化》,山东大学出版社2006年版,第62页。

温、良、恭、俭、让的人伦群体中就能得到温暖与安慰。从行为方面讲，五伦关系约束着每个个体，每个个体在不同的场合情境中都有不同而确定的角色担当，不同的角色担当又都有相应的行为伦理，行为合度遂成为判断个体成长的重要环节和审美标准。

"古代社会的血亲系统借助祖先崇拜以及传统在古代教育（含生产技艺传授）的重大地位，使不分化（或分化不充分）的古代时间中'过去'一维隆重了。"[1] 以"过去""传统""老者"为楷模，这一文化模型在中国的家族文化中直接表现为"孝"。中国传统文化——包括大传统和小传统——均明确提出晚辈对长辈要"孝"。"孝"被认为是德性之源，是无条件的纪律之奉行的试金石和保证，是一个人最基本也是最重要的内在修养，是中国传统文化对个体人格最为重要的建构之一。对于任何一个古代的中国人来讲，对父母的爱都是第一位的（见图1-7）。虽然封建伦理将君臣之礼排在首位，但君臣之礼原模仿父子之礼而来。何况对于芸芸众生来讲，无论是在现实空间还是在心理空间，与皇宫都相距甚远，日常生活远离君臣关系。正因"孝"之爱居于首位，所以才有"二十四孝"中"郭巨埋儿"的事例。古代西方文化因宗教传统，对上帝的爱居于首位。父母孩童之爱次于上帝之爱。在父母孩童之爱中，侧重强调父母长辈对子女晚辈的爱，晚辈子女对长辈父母的爱却没有明确要求。这与中国古代对"父慈"和"子孝"双方面的强调形成显著不同。长辈对晚辈的慈爱因发诸血亲有种质朴纯然的美，古代中国老人认为人生最大乐趣就是子孙绕膝、儿孙满堂。晚辈对长辈的情感则多为"敬爱"。"孝"之爱经常和"敬"相关，孝侧重于言行的顺从，敬侧重于人格的尊重。"孝""敬"均以血亲之爱为基础。

---

[1] 尤西林：《心体与时间——20世纪中国美学》，人民出版社2009年版，第10页。

图1-7 安徽黟县西递敬爱堂"孝"字匾额,古民居楹联匾额中"孝"字出现频率极高

中国古代家庭是父系、父权、父治①,所以在家(族)中,父子之伦是五伦之首(祭祖文化即典型的父子之伦),是中国古人重生乐生、希望突破个体生命短暂以实现永世长存的重要依托。对生命的热爱和眷恋促成了中国古人对传宗接代极为重视的心理情结(这是中国的一个文化原型,是极具代表性的中国人的集体无意识),是古代中国生活审美的一个重要组成部分:夫妇相合不是因为情投意合、两情相悦,其首要的根本在于传宗接代。所以才有"不孝有三,无后为大"(《孟子·离娄上》)的说法。因中国传

---

① 参阅韦政通《中国文化概论》,吉林出版社2008年版,第275页。

统是父系单系传承，女系在传承上基本不予考虑，所以生男子、多生男子就成了每对夫妇的首要重任。因为这样的责任意识，中国古代的夫妇是先结婚后恋爱，他们一旦结婚就自觉有了共同的目标（生、养子嗣）并不遗余力为此奋斗①。这是中国古代特有的培育男女之情之根基。这种情感基础虽因责任和义务的羁绊有几分沉重，却较为稳固。现代文化认为，不以兴趣爱好、心性相投为原则恋爱结婚是不道德的。但历史进程中，这种以责任和义务相结合而后在相互接受容忍产生的相敬如宾的情感则更为温柔敦厚，沉稳持重，有一种中和之美。"家"在人类学上以生育子女为主，但在中国家（族）有政治、经济、文化等多方面复杂的功能。家（族）的政治性暂且不谈，我们就家（族）的文化性进行适当分析。生育子女、传宗接代不仅是生理性的也是文化性的，即家族文化的传承，家（族）是中国文化生产和发展的作坊。生命上的生生不息和文化上的生生不息对应着大自然的生生不息，这是生命的欣喜和感动。夫妇在生养子女的过程中逐渐产生的情感和青年男女由于年轻的激情爱恋的情感相比根基要深邃而稳妥，所以中国传统的夫妇给人相敬如宾之感。由敬而爱，这种夫妇之爱又有种形式化的距离美。

晚辈对长辈要敬爱有加，夫妻之间要相互敬爱，这是中国传统文化突出强调的方面。敬爱之情是中国传统家庭审美活动的情感特征。与此相关虽未刻意强调却不能忽视孔子之"仁"不仅指君臣之间、父子之间、夫妻之间、兄弟之间要有长幼之序，还有君仁臣忠、父慈子孝、夫和妇柔、兄友弟恭等互敬互爱。赵汀阳先生说，道德的本义是"人对人用敬"，艺术的本义是"人对事物用敬"②。以此推理，美学的本义便是"人对周遭所遇

---

① 另一种理解：虽然中国男女双方再婚前并未相识，但经过"六礼"的询问，彼此之间还是有一些了解的，在想象中对对方也有一种期盼和爱慕。这种情感经常在长久的压抑中有着非同寻常的惠切和厚实。

② 赵汀阳：《艺术的本义》，"美学与家国：中国美学高层论坛"会议论文，北京师范大学，2016年12月。

(之人、之物）用敬"。孔子"仁"未突出强调但"能指"者人与人的互敬互爱无疑具有审美的意味。

敬爱之情作为中国家族情感之主轴，与家法有关，是伦理与法律未分化之前的整合样态。家与家族之区别在于家族兼及政治、经济、宗教文化等事务。这些复杂的事务需依照家法来处理。家法虽不同于国法，但依然带有浓厚的法之权威。家族血缘使家族内部人与人之间充满血缘亲情，但此情又因家法的存在显得极为矜持而有所保留。父子、夫妻之伦理秩序形成的敬爱，因家法存在而使情感的矜持和保留，二者共同导致了中国古人情感表达含蓄而内敛，进而形成了"文质彬彬""乐而不淫、哀而不伤"式的审美方式。中国传统文学多用借景抒情式的"移情"为情感表达的主要方式也与此有密切关联。

家族血亲伦理中人与人之间的关系是互惠互利而非等价交换的，是心甘情愿的而非责任契约的，是仁和友爱的而非空泛博爱的。情感性是家族伦理的核心，审美关注的情感和家族伦理中的情感虽非相同，却具有相通性和可转化性（家族血亲伦理的情感性是带有一些异化色彩的"敬爱"，审美活动中的情感常常也带有一种"敬爱"）。

家族血亲伦理的情感性是家族文化审美化倾向的根本所在，家族血亲伦理的亲密性、稳定感和审美心理内在的关联性更是增强了家族血亲伦理的审美化倾向。

二 "国"—"社会"

上古时期氏族领袖转变成国家统治者后采取了分封诸侯和承认原有土著势力两种办法组织国家，这形成了后来中国血缘性和地域性很强的宗法社会。宗法社会中，"国"是放大了的"家"，"君君""臣臣"即"父父""子子"，亲疏远近的血缘关系悄然过渡为国家等级制度，家族和国家混合为一体。君王是威严的统治者，也是慈爱的父母官；百姓是受压迫的阶级，也是忠孝的臣子。这当然是一种极具欺骗性的国家理论，应予以强烈批判和否定。但这种极具欺骗性的国家理论因伦理情感的参与具有了一定的审美意味。

中国古代社会政府实际管辖只到县一级，县以下的乡村社会由家族、宗族维系。中国古代的家庭、家族、宗族层层扩大并相互联结形成一个个宗族组织。他们居住在一个共同的区域，拥有共同的祖先，有共同的祠堂，共同的族谱。家谱、族谱保持着人们理智上的相互认同和情感上的亲密关系；"家法""乡约""族规"确立着居住空间的生活秩序。二者共同组成一个较为稳定的底层社会。在国家安定时，家族、宗族可减少国家对村落的过分掌控；在社会动乱时，家族、宗族又可成为较为稳定的社会堡垒。家族、宗族的稳定性带给家族、宗族中每个成员以安乐和顺，这是中国古人日常审美实践的基础条件和有力保障。

梁漱溟说中国"以伦理组织社会"[①]。冯友兰说家族制度就是中国的社会制度。家族制度和社会制度共同的主轴是伦理。人类最真切的情感发端在家（族）中并在家（族）培育教化，以"孝悌""慈爱""友恭"来组织家（族），家（族）就会秩序井然。组织家（族）的伦理推及社会，社会就会和谐安稳，所以君王要爱民如子，臣侍奉君王应如敬爱父亲。各阶层之间应遵循长辈和晚辈相处伦理，同级之间、普通人与普通人之间相处要"推己及人""己所不欲勿施于人"，如兄弟、姐妹般相处。韦伯说，中国文化是一种"血缘共同体"（community of blood），这种血缘情感虽以"家"为原始母胎，但却逐渐扩展出去，成了其他人际关系的基础，所以君称君父，臣为臣子，地方官为父母官，百姓为子民；老师为师父，学生为弟子；国民互称同胞，国民理想为四海之内皆兄弟。血缘情感推广为家国情怀。《孝经·广扬名》曰："君子之事亲孝，故忠可移于君；事兄悌，故顺可移

---

① 梁漱溟：《中国文化要义》，上海人民出版社 2014 年版，第 110 页。

于长；居家理，故治可移于官。"因此，以家庭人伦为根基组合国家社会，国家社会就具有泛情感性和泛道德性。有学者说中国古代是"人情世界"，"是由传统日常生活世界中生发出来一种崇尚情感，并以重人情与重人伦为表现形态的伦理精神世界"。① 人情交往是中国古代日常交往和生活的主轴。人情包括人的自然情感和人伦情感，自然之情和人伦之情在文化历史中交杂整合为一。这种整合为一的情感和道德广泛融于中国古代人与人之间的日常生活和日常交往中。这种泛情感性和泛道德性与审美的情感性和伦理性极为相似且具有互通性，所以中国传统的家国结构具有较强的"美"的倾向②。与此相比，古代西方家庭和政治的分离性以及宗教对个体、团体的强力引导，家、国与审美的关联性较弱。

以伦理组织社会更鲜明地体现在官吏任免体制中。中国历代官吏任命有三种途径：其一，皇帝为安抚或奖赏有功之人直接授予；其二，名臣将军举荐有德性有才能之人；其三，通过科举考试选拔任命。除却第一种途径，第二种和第三种途径均要求"孝"。韦伯说："'孝'是（中国古代）官僚体制最重要的身份义务。"③ 孝者才可能忠君，在此意义上可以说"孝"是中国古代伦理和政治的"元德"，是无条件地奉行纪律的试金石和保证。社会底层以孝道来构建宗族秩序，并通过"举孝廉"的方式选拔贤才进补官吏，以达到"广教化，美风俗"的社会效果，借此将家（宗）族生活与国家政治生活相连同构。"孝"表层意指晚辈对长辈、幼者对长者的恭顺和敬爱，但其深层意涵的根底在中国的实践理性。中国古代是"传统导向型"

---

① 杨威：《中国传统日常生活世界的文化透视》，人民出版社2005年版，第129页。
② 农业生产方式和"家国同构"的泛情感性和泛道德性的合力形成了中国古代生活审美侧重于群体性和谐的特点。
③ ［德］马克斯·韦伯：《中国的宗教：宗教与世界》，康乐、简惠美译，广西师范大学出版社2004年版，第228页。

社会（理斯曼语）①，生活经验作为实践理性重要的组成部分直接奠定了长者和传统在中国古代文化中的优先地位和话语权威。在这种社会中，老人掌握着祖先遗留的智慧和经验，因此老者是权威的象征②。这种文化长期形成的民族心理和情感积淀便是敬重和钟爱传统、历史，人的日常行为也自行遵从历代祖宗遗留下的规范和习俗。祭祖即对传统历史尊重和认可的典型事例。无论是婚丧嫁娶，还是年岁节庆；无论是皇家贵胄，还是九流之民，皆有频繁的祭祖活动（见图1－8）。韦政通说："在任何社会中，由于子女生存上的依赖，父亲都多少具有权威。但在中国，因为受到宗教性的孝道的支持，使权威的压力发挥到最高峰。"③海德格尔说，中国重视历史，人们从现实中建立理想；钱穆说"西方人的爱，重在未来幸福上，中国人的爱，重在过去情义上。西方人把死者交付给上帝，中国人则把死者永远保藏在自己心中"④。不仅是理性的认可和尊重，而且是内心情感真正对传统历史的认可和尊重，是中国古代生活审美的一个显著特点。这种情感——信仰在长久的生活之流中积淀、内化为中华民族的"格式塔"，是支撑中国人在现存世界中乐观的、审美的生存和生活的"情本体"。中国诗歌对废墟、历史、荒冢，对惜别、怀旧的流连忘返、一唱三叹皆是这种审美情感的鲜明表现。

---

① 理斯曼将人类社会分为三类：传统导向型社会，内心导向型社会，他人导向型社会。传统导向型社会中人们通过精耕细作来生产生活，沿袭传统礼仪、惯例作为生活准则，道德说教司空见惯。参阅［美］大卫·理斯曼《孤独的人群》，王崑、朱虹译，南京大学出版社2003年版。

② 这和现代以年轻人为中心的文化形成鲜明对比。在现代，年长则意味着落伍、年轻则意味着时尚。中国"五四"时期把"以长者为本位"的文化变革为"以幼者为本位"的文化，从重视敬老变为重视爱幼，这本来有进步意义。但几十年的实践走向了另一极端，"爱幼"成为"溺幼"。如果说"二十四孝"中"郭巨埋儿"是"杀子"意识的感性呈现，那么当今社会人伦实践的另一极端则为"杀父"意识，老者成为累赘和无用的代名词。"杀父""溺幼"这两极端的走向正是人伦情感危机的直接体现。

③ 韦政通：《中国文化概论》，吉林出版社2008年版，第270页。"宗教性的孝道"指中国的孝道是含混着原始的祖先崇拜的孝道。

④ 钱穆：《湖上闲思录》，生活·读书·新知三联书店2005年版，第10页。

图 1-8　古代节庆时节的祭祖

以伦理之情组合家（族）、国（社会），其审美性在于人与人之间不以工具性功能性"我—他"模式相处而以类似于尊重和欣赏每个个体独特性和自主性价值意义的"我—你"模式相交（虽然不同于人格完全独立之后的哈贝马斯意义上的现代社会合理性交往应有的模式，但在其基本内涵上有类似性）。梁漱溟说："中国之伦理只看见此一人与彼一人之相互关系……不把重点固定放在任一地方，而从乎其关系，彼此相交换。其重点实在放在关系上了。伦理本位者，关系本位也。"① 这种"类主体间性"的相互尊重和欣赏正是审美的内在本质，所以中国古人人伦间的交往具有审美的倾向性。这种生活审美的突出体现就是形式化的"礼"。这些形式化的"礼"渗透在日常生活的方方面面：见面时拱手作揖，口呼"××兄"，饮宴、拜访先送拜帖等。

李泽厚先生用"情感本体论"来概括中国传统文化，他说："物质文

---

① 梁漱溟：《中国文化要义》，上海人民出版社 2014 年版，第 91 页。

明、工具本体基本上是一元的，但精神生产、文化心理结构却是多元的。"①"情"属于精神生产和文化心理结构。中国的"情"是沟通家（族）和社会（国）的主要通道。虽然经过国家政治化、伦理化的"情"已是某种异化的、具有了某种意识形态化的"情"，绝非现代意义上审美性的"情"，但"道始于情""礼源情耳"（魏邈《答述初问》），这异化的意识形态化了的"情"在本质上仍然建立在个体、感性、心理基础之上。如此，异化的、意识形态化之"情"就有在形式上或偶然的时机里向审美性的"情"转化的可能。再如，老庄思想对自然真挚纯然之情的强调和推崇，魏晋士人对自然性情的实践，明清时期对"真性情"的宣扬和践履②。伦理敬爱之情经常不外乎这些自然本性之情并和其一起构建了中国人内在的"情本体"。

以伦理之情建构"家（家族）—国（社会）"是家国同构审美（倾向性）的一个方面，祖先崇拜和家族谱系化是家国同构的另一个方面（见图1-9）。祖先崇拜与家国同构有莫大的关联。中国古代的每个城市都"是以从属于王家谱系以及相关的贵族谱系的祖先崇拜为中心的"③，"祖先崇拜可以沟通生者和死者，死者虽已死去，但依然是家族共同体中的一员，有确定的角色和身份。这种身份和角色的确定性显示了祖先崇拜的秩序的'本体性'的实在感（sense of the 'ontic' reality）"④。家族谱系和祖先崇拜的秩序感是家国同构的根本，秩序井然性是二者相似结构的根本特点。祖先崇拜和家族谱系呈现的秩序感使中国古人将注意力"集中到大自然较为明显

---

① 李泽厚：《实用理性与乐感文化》，生活·读书·新知三联书店2009年版，第144页。
② 屠隆在《题红记序》中说："夫生者，情也。有生则有情，有情则有结。"冯梦龙在《情史·情芽》中说："草木之生意，动而为芽。情亦人之生意也，谁能不芽者？"李开先说："直出肺腑，不加雕刻。"
③ [美]本杰明·史华兹：《古代中国的思想世界》，程钢译，江苏人民出版社2008年版，第28页。
④ 同上书，第30页。

的有序化方面——诸如四季、四种基本方位、天体的有序运行等"①。这种秩序化的家国同构特质形成了中国古人在审美实践中偏好对称均衡、稳定有序、节奏韵律等方面。

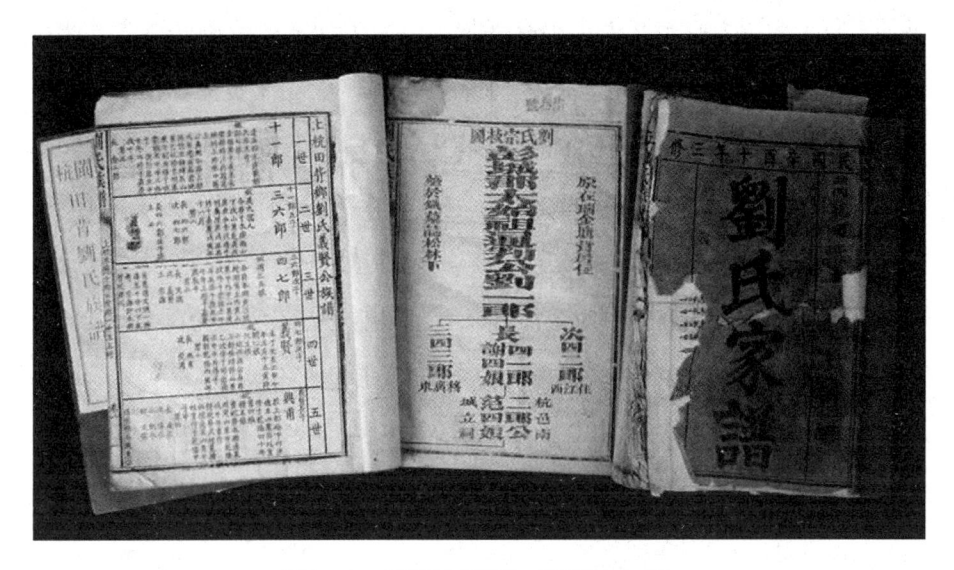

图1-9 彭城刘氏家谱（民国十年修）

中国家国政治标榜礼乐制度。刘成纪先生说，自周公制礼作乐开始，中国家国政治的顶层设计就是美和艺术的②。礼乐、周制、尚文是一组连续性概念。礼有礼制、礼仪、礼容、礼器等多个维度，乐也有乐德、乐语、乐舞等多个维度。礼乐的"尽精微"具有深邃性，与人内在精神欲求相关，对人心灵的养护具有奠基性；礼乐的"致广大""与天地同和""与天地同节"，洋溢于天地之间，流淌于万物之内，具有丰富性、饱满性和充实性。礼乐既是政治的、伦理的，也是审美的。"兴于诗，立于礼，成于乐"不仅指个人生成，而且指国家体制。中间虽有秦以法制强国并一统天下建立秦

---

① [美]本杰明·史华兹：《古代中国的思想世界》，程钢译，江苏人民出版社2008年版，第43页。
② 参阅刘成纪《中国美学与传统国家政治》，"美学与家国：中国美学高层论坛"会议论文，北京师范大学，2016年12月。

王朝，但汉及其后各个王朝均践行着礼（乐）制和法制两手治国的方策。即使审美性的礼（乐）制在现实践行中存有巨大困难，但其作为一种具有整体贯通性和普遍有效性的理想，始终引导着、提升着现实法制的超越性，从而对每个中国人甚至全人类都有绵长的吸引力和恒久价值。明清时期虽以八股取士，但五经中的《诗》《礼》依然以审美为主要特征。在中国整个历史发展中，审美性的文学艺术与中国主流政治携手合作的时期远远大于疏离、叛逆的时期；中国传统政治具有浓厚的诗意性和"美治主义"色彩，国家层面的"郁郁乎文"，家族层面的"诗礼传家"和个体层面的"文质彬彬"三个层面也因着诗意和审美而得以贯通和整合。

第三节 生命文化与古代中国生活审美化

生命文化是中国古代生活和审美深层关联的原初场域。西方重"生产文化"，关注"成物之性"；中国文化重"生命的学问"①，关注"成人之性"。古代中国的生活是以生命为主体的生活以及相关的礼乐文化。韦伯说中国文化"无意于弃绝生命的救赎，因为生命是被肯定的；也无意于摆脱社会现世的救赎，因为社会现世是既有而被接受的"②。林语堂说：

> 基士爵士（Sir Arthur Keith）曾说过一句和中国人的感想不谋而合的话："如果人们的信念跟我一样，认为尘世是唯一的天堂，那么他们必将竭尽全力把这个世界造成天堂。"……"人生不再""生命易逝"

---

① 牟宗三：《生命的学问》，广西师范大学出版社2005年版，自序。
② ［德］马克斯·韦伯：《中国的宗教：宗教与世界》，康乐、简惠美译，广西师范大学出版社2004年版，第225—226页。

的悲哀感觉……使我们能够坚定意志去想法过一种合理的、真实的生活……在现实的环境之下尽量地过着快乐的生活。①

李泽厚先生说，中国文化是在"庆生、乐生、肯定生命和日常生存中去追寻幸福的"②。中国传统深切地知晓世界无目的，人生无意义，但

> 人总得活着，于是才在否定现实的真实性之后，又仍然去寻觅和肯定这个世界，并把这寻觅和肯定就归宿在这"空而有"即虚幻与实在的重叠、交融之中。在这个既空无又实在中去把握人生滋味……③

中国的儒家、道家、禅宗均认为现世（社会、自然、当下）是既有的、值得肯定的，生命也是既有的值得肯定的。尤其是道家，道家全部的思想都是对永恒生命和幸福生活的追求。牟宗三说，（古代）西方文化尽物性也尽神性，唯独缺乏人性一极，中国文化闪耀之处恰在人性一极。生命文化就是重视生命、热爱生活、关注人性的文化。我们先来关注生命文化中的现世、重生文化。

一 现世、重生文化

中国重生文化的形成和中国的自然地理环境相关。中国是个大片国土地处温带的文明古国。热带、亚热带植被茂盛，动物种类繁多，人类生存比较容易；温带区域植被相对稀疏，动物种类也相对较少，人类的生存也较为艰难。黄河流域常年战事不断，战争加重了生命的沉重。商纣的灭亡直接带来了神性的隐退和理性的觉醒，人们普遍缺乏信仰和彼岸追求。上述三方面原因（温带气候、战乱频繁、神性隐退）形成了中

---

① 参阅林语堂《生活的艺术》，中国戏剧出版社 1991 年版，第 149—151 页。
② 李泽厚：《实用理性和乐感文化》，生活·读书·新知三联书店 2009 年版，第 102 页。
③ 同上书，第 103 页。

国的重生文化。生存的艰难使人们无暇顾及来世而倾全力于当世,如何生活下去,如何在现世更好地、审美地生活成为首要问题。人们重视世俗生活,养生之风盛行。《黄帝内经》讲"贵生",杨朱之学讲"贵己""全生""为我",行气玉佩上铭刻"气",这些均表明在先秦两汉时代人们就特别关注生命、珍惜生命,主张"生重物轻",认为生命比"爵为天子""富有天下"等更为紧要,庄子更极端地将养生提升到了哲学本体论高度,在现实世界中审美的、自由的生活作为养生的一种方式,备受庄子的赞美和肯定。

自仰韶文化到夏商周时期,中国逐步形成并最终确立了以中原为中心的空间地理观念。这种地理观念是以四方为标志的(见图1-10)。

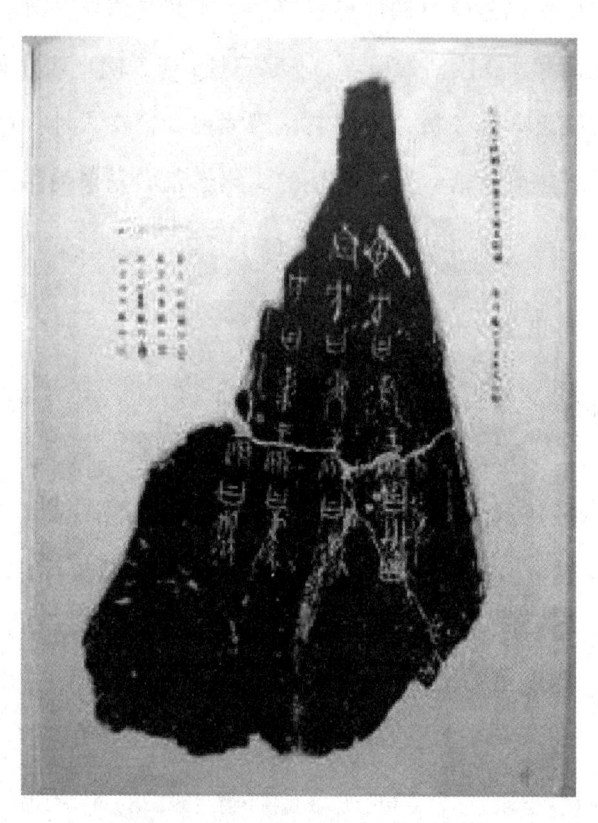

图1-10 甲骨文拓片:四方风

甲骨卜辞："癸卯卜：今日雨？其自西来雨？其自东来雨？其自北来雨？其自南来雨？"① 其"西、东、北、南"设定了以占卜者为中心的空间地理。这种以自我所在之地为中心，东、南、西、北四方环绕的空间地理在《尚书》中有明确记载。尧派羲和掌管时空，派羲和四子羲仲、羲叔、和仲、和叔分赴四方。《尚书·舜典》载：

> 岁二月，（舜）东巡守，至于岱宗，柴，望秩于山川，肆觐东后。协时月正日，同律度量衡。修五礼、五玉、三帛、二生、一死贽，如五器，卒乃复。五月南巡守，至于南岳，如岱礼。八月西巡守，至于西岳，如初。十有一月朔巡守，至于北岳，如西礼。归，格于艺祖，用特。五载一巡守，群后四朝。②

舜按照东南西北之序巡守四岳，祭祀山川，以此与镇守四方的天神交通，以达天人感应、神人相通。天、地有着旺盛的生命力，《易传·系辞下》载："天地之大德曰生。"天、地"生生"之性集中体现为二者共同孕育了自然万物。例如"土"字，甲骨文和金文均形似地上长出的一株植物（见图1-11）。《说文解字》释"土"为"地之吐生物者也。二象地之下、地之中。｜，物出形也"。与此相关，"生"在甲骨文和金文中的字形也是强调土地对植物生长的根源性（见图1-12）。《说文解字》释"生，进也。象草木生出土上"。"土"和"生"二字之古字及解释均明白无误地展示着古人对大地生命力的肯定和赞美。天、地孕育万物，天地四方环绕的立体空间中，人类通过进食万物获取天地之生命力。中国古人这种关于天的想象、天神对人的庇护和垂爱，实践经验中对天地生命力的赞美和肯定，人通过食用自然物获取生命力的思想使中国古人形成了一个以自我为中心的、

---

① 郭沫若：《卜辞通纂》，科学出版社1983年版，第368页。
② 李学勤主编：《十三经注疏·尚书正义》（整理本），北京大学出版社2000年版，第71—72页。

圆满自足的、充满优越感的生存世界。这种生存世界的建立虽有经验的成分，但主要部分是非客观的、充满浪漫想象的臆造世界："中原"并非"原之中"，天地养育万物并非为了人类立体的时空网络，也并非圆满自闭。但是这种想象的时空世界却是诗意的、审美的，而且对于古人来讲具有实在感：他们认为真实的世界确如此（虽然明朝已有郑和下西洋事件，但直到清朝"中国为世界中心"这一观念依然广为流传，可见这种想象世界的实在感的根深蒂固）。这种诗意的、审美的想象却又具有实在感，根据"反身性原则"，又进一步使中国古人确信现世生活是值得肯定的。

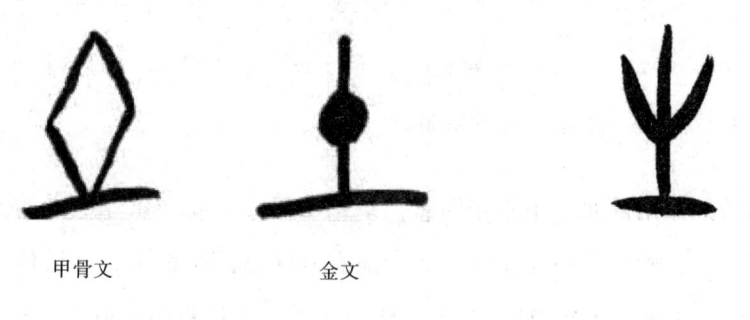

甲骨文　　　　　　　金文

图 1-11　甲骨文和金文"土"　　　图 1-12　甲骨文"生"

上述两个方面虽则看似矛盾，实则并非如此。现世生活的艰难使中国古人发挥主体之能，想象性地创造出一个圆满的、充满善意的时空。这种想象性时空在某种程度上缓解了现世生活的苦难，从而带有诗意的光环。古代西方人对现世生活的苦难体验深切，因而假想出上帝、来世，以此否认现世生活；中国人也认识到现世生活的苦难却人为地臆造了一个圆满自足的现世世界，从而更加执着于现世生活的幸福。中西文化根本的不同正是中国古代文化具有审美性，西方古代文化具有宗教性的根源所在。

基督教认为，此生现世的生活充满苦难（原罪说、赎罪说），人应甘于苦难，以此换取来世彼岸的幸福。死亡意识是西方人的一种心理定式，孙向晨先生说："基督教对于生命的理解就是西方文化传统的一个原型。这种生命理解的特点在于对死亡有着强烈意识，对于末日审判有着强烈期待。"① 对死亡的强烈关注源于古代西方文化对生命断裂性的理解。洛克（John Locke，1632—1704）认为，子女是上帝的产物，父母对子女的抚养是对上帝尽责，父母与子女的关系只是一种法律上的契约关系②。子女和父母之间表现的是和上帝的关系而非子女和父母间无生命承续关系，生命是"个体的""有限的"，个体的死亡无法由子女的生命得到延续。人类摆脱死亡的强烈渴望使古代西方人通过死亡后的末日审判来获得"向死而生"。诞生晚于基督教的佛教文化在此基础上进一步推进，不仅否定现世生活而且否定来世，认为一切均是"空""无"，"万事皆空"，所以人间所有的一切都应放下、舍弃，心静寂以至死寂，有何欢乐可言。与二者不同，中国古代生命文化认为生命具有承续性和无限性，"愚公移山"背后潜藏的正是中国古人对生命承续性和无限性的基本预设：宇宙大化流行，生生不息，人类通过子孙后代繁衍也生生不息。这种生命文化不仅无死亡之忧虑，反而表现为一种对生命生活的豁达和自足。孔子说："天下何思何虑？天下同归而殊途，一致而百虑，天下何思何虑？日往则月来，月往则日来，日月相推而明生焉；寒来则暑往，暑往则寒来，暑寒相推而岁成焉。"生命无虑死亡，生命关注在世。儒家、道家、禅宗都是重生的文化。韦伯说："中国……保持着一种此世（diesseitig）的心灵倾向。这种倾向此世的态度较诸其他性的例子，都要远为强烈并具有原则性……正统的儒教中国人（而不是佛教徒），是为了他**在此世的**命运——为了长寿、为了子嗣、财富，以及在很小的程度上为了祖先的幸福——而祭祀，全然不是为了他在'彼世的'命运的缘故。"③ 并说："儒教完全是入世的（innerweltlich）**俗人**道德伦理……

---

① 孙向晨：《向死而生与生生不息——中国文化传统的生存论结构》，《宗教与哲学》第三辑，2014 年，第 224 页。
② [英] 洛克：《政府论》（下），商务印书馆 1993 年版，第 35 页。
③ [德] 马克斯·韦伯：《中国的宗教：宗教与世界》，康乐、简惠美译，广西师范大学出版社 2004 年版，第 210 页。（加黑字体为原文本来样貌）

宇宙秩序的伟大神灵显然只在于企盼世间的和乐，尤其是人类的幸福。"①儒家认为，人可将心体（情体）安放于家庭中，也可安放在社会宏业中，"修身、齐家、治国、平天下"，这些思想正是建立在对现世此生生活认可和肯定的基础之上。道家认为，人们应将心体（情体）安放在自然心性中，顺应自然本性就可怡然生活。慧能说"若欲修行，在家亦得，不由在寺""世间法即佛法，佛法即世间法"，佛教在中国有了入世的品格而俗世化。佛教中国化、俗世化的结果即禅宗认为"自性平等，众生是佛"，在现实中亦可达涅槃之境，生命之乐趣就在生活平凡琐事中，所谓"担水挑柴无非妙道"是也。吴经熊先生说："一般说来，儒家的悦乐导源于好学、行仁和人群的和谐；道家的悦乐在于逍遥自在、无拘无碍、心灵的和谐，乃至于由忘我而找到真我；禅宗的悦乐则寄托在明心见性，求得本来面目而达到入世、出世的和谐。"②李泽厚说：

> 中国哲人肯定生命、感性，把道德放在这个宇宙观和心性论的基础上，强调"内圣外王"，重视人本身的修养和完成而不只是物质生活的满足，提出"参天地赞化育"，由此特殊性的感性个体与普遍性相合一，而不是否弃个体感性，匍匐在神的旨意下来归依普遍性（亦即审美性的天人合一，而非宗教性天人合一）。③

肯定现世生活的价值，认为价值在生活之中，圣即俗，俗即圣。活在当下，过好日子，即是生命之意义和价值。

现世此生的生活虽有诸多苦难与贫乏，但依然执着在生活的点滴中寻求生活之乐，并将这种生活之乐渗透在自己的衣食住行各个方面，竭

---

① ［德］马克斯·韦伯：《中国的宗教：宗教与世界》，康乐、简惠美译，广西师范大学出版社2004年版，第220页。(加黑字体为原文本来样貌)

② 吴经熊：《内心悦乐之源泉》，台北东大图书公司1989年版，第1页。

③ 李泽厚：《实用理性与乐感文化》，生活·读书·新知三联书店2008年版，第143页。

力让自己的生活富有美的意味,所谓"善吾生所以善吾死",以生之喜悦、生之意义来抵抗(或抵消)个体生命的死亡。"福""禄""寿"是广为流传并被中国人从心底里接纳认可的现世生活的意义和价值。中国古民居中随处可见的剪纸、碗碟上的"福寿图"(见图 1-13)便是鲜明事例。

图 1-13 明代的"福"字碗碟

中国人的重身、重生意识在面对死亡时也有鲜明体现。明恩溥(Arthur H Sm)说:"中国人……整个服丧过程都贯穿着享乐的内容。"①中国古人不仅尽可能地在现世中审美地生活,而且将生命不朽、灵魂不死的生命意识贯通到死后的世界中,他们认为"死亡的本质是安息",把

---

① [美]明恩溥:《中国的乡村生活:社会学的研究》,陈午晴、唐军译,电子工业出版社 2016 年版,第 160 页。

"死亡的恐惧转而为对必至的某种淡然而又微有欣喜之意的接受"① 是儒道两家对死亡的总体态度。中国古语有"红白喜事",鲜明地将死亡审美化了。基于死后人将在另一个世界生活的信念,历代帝王诸侯、大臣将相都竭力营建自己的坟墓,力图将衣食住行、吃喝玩乐等全部生活所需安置于坟墓中,期望在那个世界过富有审美意味的安然自得的生活。因为生是气之聚,死是气之散,"聚亦吾体,散亦吾体"(《正蒙》),因而死是"与春秋冬夏时行也",不仅不必为之惶恐,而且应顺应自然,"以死为乐"(《庄子·至乐篇》)。这种"向生而死""以死为乐"是极致化了的重生,是"以生为美"观念的极端体现。

狮子文化最能体现中国文化的重生、乐生。狮子本是安息国(今伊朗)进献给汉章帝的献礼。因其形态威猛性格凶武,曾将其作为异兽关在笼子里圈养。后来经过长期驯化,狮子不仅在中国定居下来,还成了中国人特别喜爱的动物,居室门前、山水游园甚至陵墓葬穴处,处处可见其身影。这些狮子的体态多是威武雄壮的,它们昂头挺胸,双目圆瞪,龇牙咧嘴,胸肌劲健,足爪锋利,浑身充满着无穷的力量,是中国人的守护神。对守护神狮子的重视即中国人重生观念的直观表达,但中国的重生、乐生观念更突出地体现为对狮子形象的改造。民居建筑中(尤其是明清时期)出现了许多温顺可爱、憨态可掬的狮子形象,它们面部表情平和,胸前的铃铛给人欢乐感,扭曲的身姿给人灵动感,摇头摆尾的动作更给人一种喜庆感。喜狮雕塑(见图1-14)和舞狮活动相得益彰,人们在欢庆时节欣然邀请狮子"上场"共度佳节。典型事例便是全国盛行的正月十五闹狮子习俗。这一天民间舞狮活动热闹非常,两人搭配装扮成狮子模样,他们在阵阵锣鼓声中,或爬杆登高,或满地打滚,或腾空跳跃,或摇头摆尾,煞是喜庆。更有两狮争夺绣球,上蹿下

---

① 靳凤林:《先秦儒道死亡思想之比较》,《孔子研究》2002年第5期。

跳极尽其能事，表演者酣畅淋漓自不待言，围观者也喜乐开怀欢喜异常。威武凶悍的狮子变成与人同乐的舞狮，正是中国重生、乐生、以生为美观念的鲜明表现。

图 1-14　喜狮门墩

与此类似的还有蝙蝠形象。蝙蝠喜阴，属于夜晚，是黑色的存在，形象并不美好。由于中国文化的重生喜生，这个并不为人所喜爱的形象仅仅因谐音之故便成了房屋建造者和房屋主人的钟爱。能工巧匠使它们获得了舒展的两翼和优雅的体态，中国人赋予它们光明的寓意，遮掩了它们阴冷的性格，祈福的心愿重塑了它们的形象，它们因而变得优雅动人。蝙蝠形象的转变是人们对"福"强烈的企盼和全力追求的结果，是中国人竭尽所能要在现世此生美好生活的愿望的强烈表达（见图 1-15）。

图1-15 隔扇窗上蝙蝠形象体现中国人的福寿观

二 重身文化

重视现世、此生最直接的表现就是"重身"。儒家注重"修身",也注重"养身"。以孔子为例,《论语·述而》载:"子之所慎:齐,战,疾。"《论语·乡党》载:孔子"食饐而餲,鱼馁而肉败,不食。色恶,不食。臭恶,不食。失饪,不食。不时,不食。割不正,不食。不得其酱,不食。""肉虽多,不使胜食气""唯酒无量,不及乱""沽酒市脯不食""食不语,寝不言"。孔子注重食品之质地、数量、进食方式等,对身体的保养极为重视。道家虽逍遥于大自然中,却认为人为万物之长,尊贵如天地;生可明道，为天地之大德，因此异常重视保养身体，熊经鸟申①，甚至殚精竭虑修炼丹药或修炼内丹以求长生不老。道家在追求长生不老时所想的是肉体的不朽。中国人认为一个人有很多灵魂，其中任何一个灵魂都不足以和身体相抗衡，人体是一个统一体，只有靠肉体以某种形式永存，我们才能设想作为一个整体生活着的个人人格的继续。韦伯说："长寿的祈求在最受重视的祭祀里，扮演了主要的角色……'神（仙）'这个概念在中国的原始意义，便是能够不死并且永生于幸福之国的最最至高完美的人。"② 相反，中国文化中对轻易唾弃生命甚至仅仅是不重视保养身体均持激烈的否定态度。《孝经·开宗明义章第一》载："身体发肤，受之父母，不敢毁伤，孝之始也。"子女在生活中不可轻易伤残身体，甚至连头发都不可轻易剪断，否则就会受到极重的伦理道德的谴责（"不孝"）。在今天看来这未免小题大做，但恰恰显示了中国古代对身体极致的珍爱。

重视身体，因而要尽可能满足身体之需，世间之物对人的真正意义在于能使"声色滋味能久乐之"，如若耳不能悦音，眼不能悦色，口鼻不能悦味，生之意义和价值就会大打折扣。这并非纵欲，也非单纯生理欲望的满足，身体对声、色、味之审美目的为"全性""保真"，丰屋美服、肥肉厚酒、郑卫之音，如若未能保身之真性，则为伐生之斧，非能为之。对身体的珍爱和重视另一方面又表现为对"不死""永生""长寿"的追求（见图1-16）。《山海经》里的"不死国""不死山""不死树""不死民"，《尚书·洪范》里的"五福六极"，《周易》颐卦、需卦、兑卦、涣卦里的养生思想，《诗经》里反复出现的"眉寿""万年""万寿""难老"。民居石雕、木雕、砖雕、铜镜上屡见不鲜的龟鹤图、猫戏蝶、万寿图均昭示着

---

① 流传于春秋战国时期的一种保健体操，状如熊之攀枝，鸟之伸脚。《庄子·刻意》篇有"吹呴呼吸，吐故纳新，熊经鸟申，为寿而已矣"。

② ［德］马克斯·韦伯：《中国的宗教：宗教与世界》，康乐、简惠美译，广西师范大学出版社2004年版，第210页。（括号为原文本来样貌）

中国传统对身体不死永存于世的渴望（见图1-17）。

图1-16 山西祁县乔家大院百寿图，凸显着人们对"长寿"的渴盼

图1-17 十二生肖铜镜展示着古人循环式的时间观，龟、鹤长寿，龟鹤铜镜表明了人们以长寿为美的生活审美观念

长寿是重身、重生意识的一个表现，追寻生命的意义和价值是生命文化重生意识的另一个表现。由于家族文化的影响，中国古人不太关心彼岸、来世，而多以光宗耀祖、兴家立业、长寿多福为主。考古发现，铜镜、烛台、雕饰等物上寻常可见的蟠桃、仙鹤、灵鹿皆为长寿寄寓。但审美意义上的人生目标并非仅此而已。中国古代小农经济物质的贫乏没有阻挡人们

在生活中发现美、寻求生活之乐的渴望（实则在一定意义上反而促成了中国古人倾力在现实中进行审美的趋向，参见第一部分内容）。《史记·孔子世家》中记载：孔子被围困在蔡国"不得行，绝粮。从者病，莫能兴。孔子讲诵弦歌不衰"。在平时"子与人歌而善，必使反之，而后和之"（《论语·述而》），并说"饭疏食饮水，曲肱而枕之，乐亦在其中矣"（《论语·述而》）。庄子过着"衣大布而补之"（《庄子·山木》）的贫困生活，却以诗人的气质过着与"道"一体的审美生活。他以本真的我和纯然的世界相遇相应，纵身跃入自然中与宇宙相通。因珍惜热爱生命，所以中国古人竭力探寻生命的意义和价值。"礼""仁""和"是孔子探寻出的生命意义和价值。其后孟子、荀子、董仲舒一路到宋明理学、现代新儒家都围绕这几个核心问题而展开。不论言语如何变化，其根基均为：心体（情体）应安放在德性上，如此才可安立于天地间，并可参天地化万物，实现人自身（感性和理性）、人与社会、人与自然的和谐畅通。与儒家不同，道家认为生命的意义在于遵从自然的生命，天地万物只要顺应自身内在的天性运行，就可达到不为而为，不用之用；人如效法宇宙自然，遵从内心真实的情感，如此即可与天地共生。两者殊途同归，却最终都和美的本质密切相关。儒家认为生命的意义和价值在德性伦理，道家认为生命的意义和价值在与道同一，禅宗认为"无情无佛种"（《坛经》），生命的意义和价值即在担水砍柴有情的日常生活。这三家或单独或交叉成了中国人精神安身立命之所在。将心灵或安放于家庭社会，或安放于大自然中，或安放于日常生活中，这样的审美即审美的生活，是中国文化一种独特的存在样态。

三 有情世界

"情生于性"，情产生于自然之欲又高于自然之欲，不同于宋明理学的心性和牟宗三的先验的善恶。"情"包括亲情、爱情、友情，也包括世情、人情，生命文化认为世界是个蕴含着丰富情感的世界。

原始宗教自然神、人格神的思想残留在天人合一的思想中，形成了万物皆有情的有情宇宙观。儒家一方面认可人在自然中的地位，不对自然顶礼膜拜，另一方面也不拔高以人为中心，而是整体上认为人和自然为一和谐共在体。在这种共在中，人赋予宇宙自然情感，情感得以宇宙化、自然化。儒学的核心概念"仁"之本质即"爱"，"爱"之情能感通，人与自然相感通，人与人相感通，物与物相感通。万物莫不相感通，万物莫不有情。万物因为有情，所以是充满生命力的生命体，因此孟子说"万物皆备于我，反身其诚，善莫大焉"，程明道曰"仁者与天地万物为一体"。此"万物"皆是有情的生命力充溢的生命体。情使人与人、人与物、物与物相通不隔，天地万物均处在情的光环中。情使人们认为山有山顶、山腰、山脚。"山顶""山腰""山脚"是人情化了的山；"杨柳依依，雨雪霏霏"，杨柳和雨雪是情义缠绵的；青山的妩媚，流水的婉约，青山和流水亦是有情的世界。因为中国人的世界是有情的世界，所以中国人才创作出大量的山水田园诗文和山水花鸟画作；因为中国人的世界是有情的，所以中国古人与自然整体来讲是和平共处、伙伴邻居的关系，不是征服、对抗、竞争的关系。诺索普（F. Northrop）说中国人把宇宙看作一"圆合地美的生生之流"（undifferentiated aesthetic continuum），人与自然的关系是"对美的质素之当下体认"（immediate apprehension with respect to the aesthetic component），人是一"美的自我"（aesthetic self），因为它是一"生生流动之体"，永不能与万物相隔，只有在与自然相融中才可能和美地生活[①]。所以，中国古代山水画主题永远是小如芥末之一二人游走在沧茫广阔的大自然中（见图1-18），这正是现代环境美学倡导人栖身于大自然中的真实写照：欣赏自然，相忘于自然。人与自然有情，人与人更有情。中国人彼此称呼不用名字，对老一辈称"伯父""伯母"，对年长者称"兄""姊"。凡中国人活动范围所

---

① 参阅 F. S. C. Northrop, *The Meeting of East & West*, N.Y: Macmillan, 1958, pp. 460-470。

触所及,皆以"亲人"视之,以"亲人"待之,殷勤和关怀之情自然流露,人情浓厚。人与人、人与自然相安相处,共存共在,其相处之原则和根基便是情。这种蕴含着丰富情感的生命活动状态本身就是颇具审美意味的存在。

图1-18 中国古代山水画,人小如芥,是人类与自然融为一体的生活审美思想的展现

从哲学层面讲,西方传统哲学崇尚认知理性,认为情是非理性的、低级的,不属于哲学思考的对象。中国传统哲学重视人的践履性,重视人的践履活动中"情"的参与性:以情释理,在"情"的真诚性和安适性前提下肯定"理";以情释善,强调伦理规范的情感性,"礼生于情","礼因人之情而为之"(西方传统则侧重强调伦理道德的意志)。不仅如此,中国传统还赋予天、道情感性:"道始于情""诚者,天之道也"(孟子、《中庸》)。"天,仁也。"(《春秋繁露·王道通三》)"盖仁之为道,乃天地生物之心。"(朱熹《仁说》)情是理、礼、天、道的最终根据,也是人类一根本特性。辜鸿铭说中国人过着一种充满人情味的精神生活,这种人情植根于我们本质的慈爱心和同情心,存有着对他人体谅的周全和愉悦[①]。

[①] 参阅辜鸿铭《中国人的精神》,安徽文艺出版社2011年版,第38页。

与中国重视生命的文化不同，古代西方文化较重视对物的追求和占有。对物无尽的追求、过多的占有极可能使人迷失心性，所以需有宗教信仰来补充。因此，古代西方文化中自然科学文化较为发达，基督教信仰也根深蒂固。因为崇尚对物的占有，所以欧洲历史上的扩张侵略自古未停，人们崇尚冒险探索，甚至不惜为此付出生命。不重视珍惜自身生命，也不重视珍惜大自然中他物的生命，所以古代西方人对从大自然中（或他人之手）夺取来的财物经常随意处之，肆意践踏。古希腊的酒神节（见图1-19），古罗马时期的人狗共餐、暴饮暴食，中世纪晚期和文艺复兴时期肉欲的放纵，19世纪对自然的大肆砍伐和掠夺、经济危机时期对商品的肆意毁损，西方历史正是对物的追逐占有、肆意侵夺的历史，和中国的"物尽其用"（尽量爱惜人的生命，也尽量爱惜物的生命）形成了鲜明的对照。追寻不到生命的意义和价值，只得将心放在基督上帝那里，希望借此安放心灵，享受生命，但是天主教染指政权（如中世纪中期的政教合一）、搜敛财物让追求灵魂救赎的圣徒大失所望，遂有近代的宗教改革。在此意义上西方文化对生命意义和生命价值的追寻是不成功的。生命意义和生命价值追寻不得，心灵不得安宁，不安宁的心灵遂以冒险、刺激、极限挑战等活动为美。李泽厚说，中国传统只有一个世界，即人界；西方传统有两个世界：人界和神界。只有一个世界的中国传统认为，神界不存在。依靠神眷顾的生活是一种妄想。中国传统肯定现世生命的价值和现世生命的意义，认为生命的意义和价值在于"天行健，君子以自强不息"。天地生生不息和人类积极进取具有类同性，以此才可能过"福、禄、寿"等如意的审美生活。

综上所述，漫长的小农经济、家国一体的社会结构，丰满的生命文化是中国古代生活（存在本体论意义上的生活）的主要特征。这些古代生活的特征和审美的本质皆有着深层、内在而紧密的关联，这种关联使中国古代生活具有较为明显的审美倾向。

图1-19 西方酒神节的纵欲狂欢。人与自然界的对立,以人的独立为美

古代中国生活的审美倾向仅仅是理论上的逻辑论证。这种逻辑论证在未被人践履时仅仅作为一种可能性潜在存在①,事实上这种可能性在中国古代历史长河中被许多人践履,从而变成了实实在在的生活审美。这些现实生活中的审美活动有鲜明的民族特性,如秩序规范性、伦理道德性、形式礼仪性、切身体验性等。为了更全面而准确地了解古代中国现实生活中的审美活动,我们有必要对其民族特性进一步分析。

---

① 生活始终处于基础性地位,但在生活基础上形成的思想文化具有极大的独立性和自主性。这种独立性和自主性使得中国古代文化的审美化倾向转化成现实实践的可能性要略大于其他国家。

第二章　古代中国生活的审美特性

第一节　秩序规范性

儒家文化本质上是一门关于"秩序"的学问。章太炎经过考察后在《原儒》中论及"儒"原写作"需","需"是求雨的巫师;胡适在《说儒》中说儒是"殷民族的教士",以"治丧相礼"为事;马王堆汉帛《易传·要篇》中载孔子说"吾与史、巫同涂而殊归也";《说文解字》解"儒"为"术士之称"。上述引文均指出儒与巫师的亲缘性。

巫师崇尚秩序感。他们经常主持祈雨、治丧等各种活动,这些活动的神圣需要通过一定仪式化的动作、唱词、言语、装饰等体现。这些仪式化的说、唱、舞逐渐强化着巫师对秩序美的体验,仪式是秩序的象征和暗示:色彩、方位、次序、服饰、乐舞、牺牲,这些"物"可带领参与者进入一个超越的秩序井然的世界。这一世界具有类宗教性和类审美性。神话传说时期的巫师转变为部族首领后便有意识地强调秩序之美。中国上古时期黄河、长江流域部落众多,为争夺水美草丰之地大小战争连年不断。连年不断的征战促使人们渴望安稳的生活。安稳的生活需要规则和秩序来维持,以有序为美遂成为上古时期人们普遍的审美意识。

秩序之美在等级社会中便具有了等级性。中国古代社会主要是宗法制的奴隶社会和封建社会。宗法制其核心是以宗子为中心，按血缘远近来别亲疏远近。名分地位是亲疏远近、尊卑等级的集中体现。祖先崇拜也是宗法制度的典型，祖先在文化中的主要功能是维持秩序。祖先崇拜和重视宗子共同决定了个体在群体中的名分和地位。名分地位含义抽象，需通过生活日用品的使用和人际交往的规范来体现，这些体现又使日常生活的审美实践带有了秩序的等级性：明堂宫室方面，礼制规定帝王可用九间殿堂，公侯厅堂则为七间或五间，一品、二品官员厅堂为五间九架，三品至五品官员厅堂为五间七架，六品至九品官员厅堂为三间五架。服饰方面，黄色、龙纹为天子专属，红色、紫色、蓝色亦属尊贵之色，青色、绿色则为卑贱之色。舟车方面，骑马、乘车、坐轿均属王侯特权，士商贱民不得用之：宋太祖赵匡胤下诏令曰："大小官员相遇于途，官级悬殊者即行回避，次尊者领马侧立，稍尊者分路行。"言语方面，中国亲族称谓可为世界各民族烦琐详细之最，繁多的亲族称谓主要的用途是区分身份、关系和等级。父系一族高于母系一族，嫡系高于庶出是基本的身份秩序区分。不仅活人有秩序等级，死人也有。人死下葬从吊唁、服饰到祭品、安葬方式，服丧时间均有严密的秩序安排。身份地位不同，死丧仪式各异。丧礼之隆重虽有与死者告别、表达难以离别之情，但更重要的是通过这些规范给生者秩序教化。祭天敬祖、国家结盟、诸侯朝聘、军事外交等方面对各级人等也皆有严密的秩序规范。这种秩序规范主要为封建等级制服务，所以在多数情况下规模大小与审美主体的社会地位和身份成正比：身份地位越高，生活审美的规格和程度也就越高，反之亦然。尽管如此，这种种限制和规范却给人齐整有序、规范合度的美感。

一 日常器物审美的秩序规范性

例如，朝见时所用笏板：

> 笏，天子以球玉，诸侯以象。大夫以鱼须文竹，士竹，本象可也。①
>
> 天子搢珽，方正于天下也。诸侯荼，前屈后直，让于天子也。大夫前屈后屈，无所不让也。②

天子的笏板是用晶莹剔透的玉做成的，诸侯的笏板是用象牙做成的，大夫的笏板是用竹子做成的，用鱼须装饰笏侧，士的笏板也是用竹子做的，没有任何纹饰。天子的笏板称之为珽，是方形的；诸侯的笏板被称之为荼，形制为前圆后方，其目的是提醒诸侯应尊敬天子；大夫的笏板形制为前圆后圆，其目的是提醒大夫应谦恭屈让。

又如，玉器的使用。端玉是人际交往时所用的玉器。周王朝规定：

> 王执镇圭，公执桓圭，侯执信圭，伯执躬圭，子执谷璧，男执蒲璧。（《周礼·春官》）

这是说天子要用一尺二寸长的镇圭，公爵要用九寸长的桓圭，侯爵用的是七寸长的信圭，伯爵用的是七寸长的躬圭，子爵用的是谷璧，男爵用的是蒲璧。即使见面礼，也有等级之分，如《周礼·大宗伯》载：

> 孤执皮帛，卿执羔，大夫执雁，士执雉，庶人执鹜（鸭），工商执鸡。

再如射礼所使用的侯。侯是射箭用的靶子。《礼记·乡射礼》规定：

> 天子熊侯，白质；诸侯麋侯，赤质；大夫布侯，画以虎豹；士布

---

① 王文锦：《礼记译解》（上），中华书局2001年版，第416页。
② 同上书，第406页。

侯，画以鹿豕。凡画者丹质。

天子和诸侯的箭靶是用皮革做成的，大夫、士的箭靶是用布做成的。天子射礼时所用的箭靶上面用白色画着熊的图案。熊同蜥蜴、蟾蜍一样是先民精神世界里能起死回生的力量的象征，是等级最高的；诸侯用的箭靶上画着朱红色的麋鹿。大夫的箭靶上用红色画着虎或豹，士的箭靶上用红色画着鹿或猪。

二　衣着服饰的秩序规范性

日常所用器物的审美有严格的阶层限制，房屋、服装、仪式、车马等皆有严格的秩序。如服饰：

> 玄冠朱组缨，天子之冠也。缁布冠缋緌，诸侯之冠也。玄冠丹组缨，诸侯之斋冠也。玄冠綦组缨，士之斋冠也。①
>
> 天子佩白玉而玄组绶，公侯佩山玄玉而朱组绶，大夫佩水苍玉而纯组绶，世子佩瑜玉而綦组绶，士佩瓀玟而缊组绶。②
>
> 韠，君朱，大夫素，士爵韦。③

天子用朱红色的丝织冠带，诸侯用彩色加穗的丝织冠带，诸侯斋戒时，冠上配以丹红色丝织冠带；士人斋戒时，冠上配以青黑色丝织冠带。天子佩戴纯白色的玉，用黑青色组绶，诸侯佩山青色美玉，用朱红色组绶，大夫佩水苍色美玉，用黑色组绶。天子的太子、诸侯的太子佩美玉，用彩色组绶，士佩以玉般美石，用赤黄色组绶。穿玄端服饰时，天子的蔽膝（韠）是朱红色，大夫用素白色，士则用微黑色。

---

① 王文锦：《礼记译解》（上），中华书局2001年版，第410页。
② 同上书，第424页。
③ 同上书，第418页。

补服是服饰秩序规范性典型代表。补服是在前胸及后背缀有用金线和彩丝绣成的补子的官服。明清时期的补服是其代表。《明会典》载，洪武二十四年（1391）规定：

> 公、侯、驸马、伯：麒麟、白泽；文官绣禽，以示文明：一品仙鹤，二品锦鸡，三品孔雀，四品云雁，五品白鹇，六品鹭鸶，七品䴉鹅，八品黄鹂，九品鹌鹑；武官绣兽，以示威猛：一品、二品狮子，三品、四品虎豹，五品熊罴，六品、七品彪，八品犀牛，九品海马。（见图2-1）

图2-1　明清补服，皇族为圆形，官员为方形。表明身份地位是补服的主要功能

服饰中最受人们重视的是吉服和凶服。吉服和凶服被划分为五个等级，即"五服"。吉服的五服，是天子、诸侯、卿、大夫、士在隆重的祭祀场合的穿着，用以区分尊卑等级的五种服饰。《尚书·益稷》中记载舜对禹说：

> 予欲观古人之象，日、月、星辰、山、龙、华虫，作会宗彝。藻、火、粉米、黼、黻绣，以五采彰施于五色，作服，汝明。①

---

① 李学勤主编：《十三经注疏·尚书正义》（整理本），北京大学出版社2000年版，第139页。

此即后来所说的"十二章",即天子上衣要绘有日、月、星辰、山、龙、华虫六种图案,下裳要绣有宗彝、藻、火、粉米、黼、黻六种图案,合称"十二章"。东汉郑玄注:

> 十二章为五服,天子备焉,公自山、龙而下,侯伯自华虫而下,子男自藻、火而下,卿大夫自粉米而下。①

只有天子的衣裳上可用十二章纹,公只能用山、龙一下的章纹,即"九章",侯伯只能用华虫以下的,即"七章",子男上衣不可有章纹,只能在下裳上绣藻、火等五章纹;卿大夫则只能在下裳上绣粉米、黼、黻三章纹。互不相识之人一望服饰即可知尊卑等级,所以《周易·系辞下》说"黄帝、尧、舜垂衣裳而治天下",帝王只需拱手而立,社会便能秩序井然(见图2-2)。

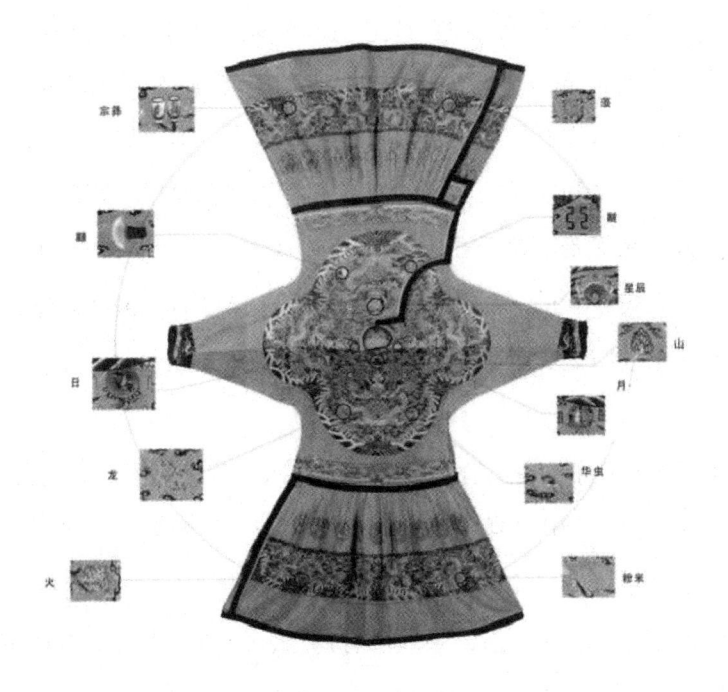

图2-2 皇帝服饰(十二章)

① 《十三经注疏》(据世界书局缩印本影印),阮元校刻,中华书局1980年版,第142页。

礼制规定周天子的冕冠前后各十二旒，用玉珠288颗；用朱红色丝织冠带与玄冠相配，朱红色的蔽膝（韠），天青色的丝织腰带佩戴白色的玉，脚登赤舄。蔽膝、白玉、赤舄均雕刻着繁复华美精巧的纹饰，与华丽的色泽、上好的质地共同营造出天子的堂皇威严之美。天子之下的贵族，其玄冠前后只有三旒，用青黑色的丝织冠带与玄冠相配，衣服上只能绣一黻，赤而微黑色的蔽膝。赤黄色的丝织腰带只能系美丽的石头。

三 房屋审美的秩序规范性

房屋审美的秩序性主要体现为房屋宫室的大小多寡，房屋体积越高大房屋数量越多就越美。所以，"天子七庙，诸侯五，大夫三，士一……此以多为贵也"（《礼记·礼器》卷十），"天子之堂九尺，诸侯七尺，大夫五尺，士三尺；天子诸侯台门，此以高为贵也"（《礼记·礼器》卷十）。历朝历代的皇宫，中轴线上永远是天子所用之所，无一例外是整个建筑中最高大者，三宫六院房间数量也最多。高大繁多彰显着天子之尊。厚重而数量繁多的梁柱和斗拱，金色的琉璃瓦、朱红色厚重的宫门，飞檐上雕刻着的九兽，无不昭示着天子之贵。杜牧《阿房宫赋》中这样描述古代帝王宫室之奢美："五步一楼，十步一阁，廊腰缦回，檐牙高啄，各抱地势，钩心斗角。"虽有文学润色之笔，但文学源于生活，亦可想见宫殿之华美。

房屋审美的秩序性在民居中也有体现。四合院为中国民居的典型样式，其不论几进几重，正中之堂屋必定是坐北朝南，形制高大，可有房檐，可以上挑，堂堂正正、气宇轩昂，体现尊者、长者、嫡者不可撼动之地位。东西厢房和耳房则格局较小，一般没有房檐，即使有也较低矮或下垂，有低眉顺眼、逆来顺受之感，以体现卑者、幼者、庶者遵从之序。

房屋大小和房屋数量是以秩序规范为美的审美意识的反映，屋顶形式也可体现以秩序规范为美的审美意识。中国古代房屋可分为四面坡檐组成的庑殿式，由坡檐和直三角组成的歇山式，由垂直墙体和出檐屋顶组成的悬山式，由垂直墙体直托屋顶的硬山式几种样式。屋顶本身又可分为单檐式和重檐式。庑殿式和歇山式的重檐一般为皇宫贵族或官署衙门府第所用，阔大而有气势，是皇族力量和官府威严的物化显示。单檐的悬山式和硬山式多为底层民众所用，实用质朴齐整，是民众生活审美意识的反映（见图2-3）。

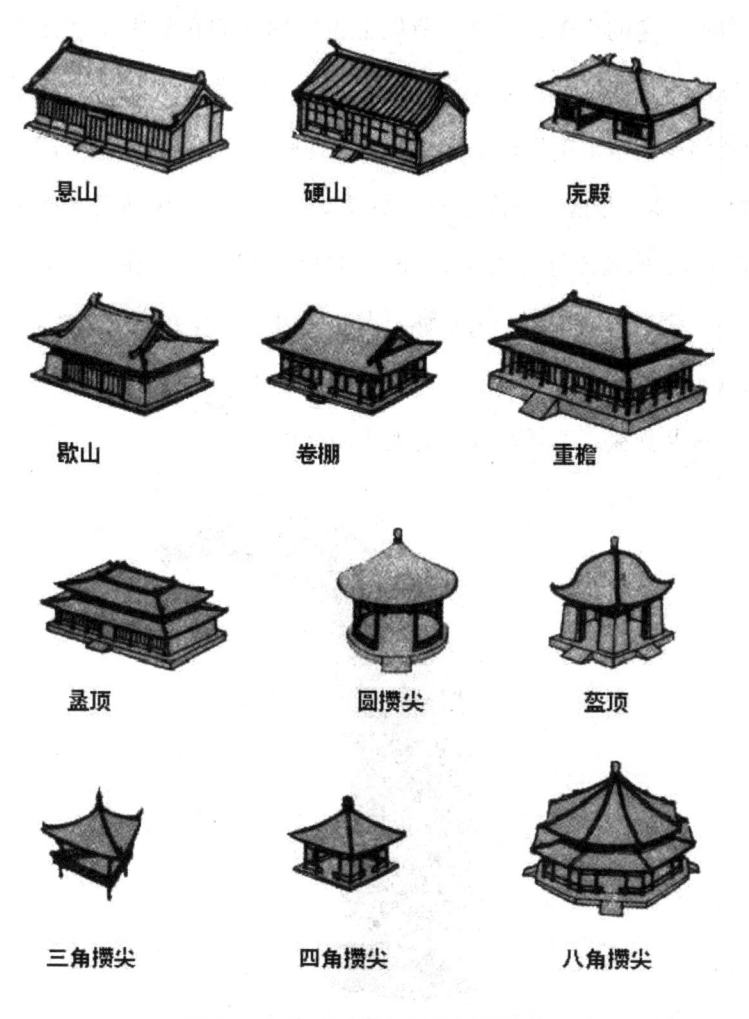

图2-3 古代建筑多样的房顶样式

房屋大小数量、房檐款式的使用严格遵守着秩序伦常，和左右对称的布局、封闭式的院落一并构建着秩序井然、尊卑有序、规范严谨的生活空间。虽有窒息感，但同时又给人安全、稳定、踏实之感，安全、稳定、踏实的情感需要的满足正是古代中国现实生活审美的主要情感特征。

四 "乐"的秩序规范性

乐舞有一定的审美迷幻性，所以上古时期人们在祭祀和日常生产生活中就有歌舞相伴。河南舞阳湖遗址墓葬中发掘的距今8000年前后的骨笛，浙江余姚河姆渡遗址中发现的距今7000—5000年的骨哨，山东莒县大米村出土的距今5000年前后的陶号角（见图2-4），青海民和阳山出土的距今4500年前后的彩陶鼓等（见图2-5），均昭示着"乐"在我国上古时期的重要地位。夏启操翳持环，乘龙腾云表演《九代》《九歌》《九韶》，夏桀有"女乐三万人"、有"大鼓、钟磬、管箫之音"，商时"殷人尚声"，管箫悠扬、鼓号铿锵，音乐与人们的生活朝夕相伴。

图2-4　山东莒县出土的陶号角，距今约有5000年

图2-5 青海民和阳山出土的距今约有4500年的彩陶鼓，
上古时期乐在人们生活中有重要意义

乐是人们生活的伴侣，但乐在等级社会中又有着严密的秩序规范。西周建国，周公制礼作乐，在乐的节奏和韵律中施行着礼的教化，乐调、乐器、曲目，表演的时间、地点、场合都有烦琐的规定：乐被高度等级化了。如国君射礼需奏《驺虞》之乐，诸侯射礼需奏《狸首》之乐，卿大夫射礼时需奏《采苹》之乐，士射礼需奏《采蘩》之乐。不同身份的人射礼时使用的乐队规模也有严格规范，天子的乐队可四面排列，称为"宫县（悬）"；诸侯的乐队三面排列，称为"轩县（悬）"；卿、大夫的乐队两面排列，称为"判县（悬）"；士的乐队一面排列，称为"特县（悬）"。

上文用大量的例证阐释了中国古代生活的秩序规范性。这种秩序规范性束缚着人们的思想，抹杀着人们的自由创造，与美的本质背道而驰，但这种秩序规范性在以下五方面和审美相关。其一，秩序规范性的实践始终伴随着乐（这里的乐指的是诗乐舞未分化前的合一的乐）。乐终究是艺术，艺术的本性是审美。虽然统治者用艺术来施行政治教化，但人们在接受政治教化的同时享受着乐本身的艺术之美。而且随着时间的推移和历史的前行,乐自身的美越来越为人们所重视,最终成了人们日常审美的重要组成部分。其二,秩序规范性本身有种形式的美感。这种形式美主要体现为均衡对称、秩序条理、秩序井然等方面。中国自古就是农业为本。人们在与自然万物的接触中发现大自然运行的规律,遵循着井然有序的法则,数量众多的植物和动物遵守着均衡对称之则。各代王朝的建立者都试图按照天道之序安排人(政)道之序。秩序规范性正是古人按照天道之序安排的人道之序。当然,这种秩序在现代意义上审视具有非人道性,但这种秩序和规范依然给人一种井井有条、持平有度的审美感受。其三,秩序规范性按照大小、颜色、物象、纹饰、乐调等进行区分,国家政策的制定和实施,上行下效的推行逐渐形成并深化了人们以大为美,以高为美,以多为美,以纹为美的审美意识。其四,"爱美之心人皆有之",人们天性中对美的渴望和追求受到规范约束后以一种细致精微的方式呈现出来,所以他们日常所用之物讲究造型之美、纹饰之美、色泽之美。例如,烛台造成神树之形(见图2-6),在浴池中放置丁香、冰片、兰花、菊花等,铜镜背面雕刻繁复而生动的神兽,用龟壳和珍珠装饰屏风(见图2-7),用乳香、麝香涂抹墙壁,用琉璃和云母装饰窗户等;花样百出的审美实践在横向的广度和宽度上竭力展示着人们的审美创造和审美渴望,对生活的热爱之情使人们在秩序规范的束缚中进行着审美的尝试和审美的实践。其五,秩序规范和人性追求的安全感相关。马斯洛(Abraham Harold Maslow)的需求层次理论认为,安全需要是仅次于生理需要的第二层需要。秩序规范因有序可循,因而给人安全感。安全感植根于人性需求,安全感的获得可使人在身体和心灵上获得一定程度的放松。这种由身心的轻松带来的自由感正是美感。

第二章 古代中国生活的审美特性

图 2-6 四川三星堆的神树形烛台,实用美与形式美的完美结合,华美异常

图 2-7 营造私密空间和审美为一体的日用彩屏风

第二节 伦理道德性

一 "以善为美""美善合一"

康德说，美是道德的象征。美的伦理德性和美的政治性并不削弱美的纯粹性和独立性，反而以此强势诉说美对现实强大的介入性。艺术审美侧重审美性，生活审美兼有实用性和审美性，这正是生活审美区别于艺术美的关节所在，也是生活审美现实性的突出表现。

中国古代文化中的道德与美关联紧密：善、美均与"道"有关，行道为善，道具有现实功利性；乐道为美，美虽具有超越性，但仍以现实功利为其基础。行道和乐道的现实功利性使"善"在中国传统中始终处于比"道"和"美"更高的位置。许慎《说文解字》中"美"被释为"美与善同意"。唐徐铉则释为"羊大为美"（见图 2-8）。大羊、肥羊何以为美？因为大羊、肥羊可以给人们提供更多肥嫩鲜美的羊肉。先秦时期，食肉是件奢侈的事情，中小贵族平时能吃到的肉食多为狗肉、飞禽等，节庆时节才能吃到猪肉。猪在先秦时代属于一个家庭中最重要的财产，人们对猪视之若宝，甚至专门给它盖房子进行饲养。"家"为宝盖头底下一头猪（见图 2-9），有猪就意味着有家，可见猪对于中国古代普通人家的重要意义。羊是比猪更高一级的肉食，中小贵族要在非常之日才能吃到羊肉。与地处热带、亚热带的其他居民相比，主要居住区域为温带的中国人在远古时期生存更为艰难，能吃到羊肉被认为是生活中极其美好的事情，有大羊、肥羊意味着有更多鲜美的羊肉食用，以实用为美即"生活审美"。因此，中国早期的美与味觉、嗅觉等安乐享受的生理欲望满足（善之初始意为"有用")的关联异常密切。伦理之善虽不同于实用之善，其根源和基础却在实用之善。

图2-8 甲骨文"美"字　　图2-9 甲骨文"家"字

中国重视伦理审美可以追溯到先秦时期。首先，周代商立国，周统治者认为商"惟不敬德，乃早坠厥命"。周立国之后重视德治：在周初的文诰里，一个反复吟诵的主题就是敬德："皇天无亲，惟德是辅。"这决定了周人对审美的道德化的理解，并将之作为一个国家政策予以推广。其次，小农经济使中国的农民较少关心国家责任和社会权利，他们需要能适当关照他们生活但又不过于打扰他们生活的统治者。相对于国家的富庶和繁盛，他们更希望过平稳安定、能满足基本温饱的生活（国家的强盛和富庶更多意味着让统治者有更多的享受，对普通民众来说影响较为有限）。强化道德修养而非强调责任义务（与道德修养相比，责任和义务是极其生硬而略带强制性的词语）更适合这样国家。最后，先秦时期已经大量出现美色、美物伤身伤人的事件，美由于生理感官的享乐性及超实用的奢侈浪费意味，导致人们认为美具有非道德甚至反道德性（这方面的代表思想是墨家学派）。但人追求美的本性不可抹杀，所谓"爱美之心人皆有之"。因而孔子、孟子等人力图将美引向道德，并且进一步论证为追求美应以不败坏德行为前提，合德之美才是美之本性（孟子的"与民同乐"就是合德为美）。上述三个原因是中国古代生活审美伦理性的缘由所在。

从深层文化机理讲，中国古代认为唯善为大，善可以赋予生活和世界和谐、秩序和真实;无善,美与真就会漂浮无根。和康德一样,中国传统文化主流之一儒家认为道德是先验的。所谓先验就是先乎经验之意,先验原理不需要经验来证明。孔子之仁、孟子之善均为先验的德性原理。这种先验的德性原理之践行完全依赖于自身,因为"仁""善"均为与生俱有。"我欲仁,斯仁至矣。"诉诸本性直觉,我们就可知善断恶,所谓"不学而能,不虑而知"(孟子语)。

追求善、追求德性并不意味着否认现世世俗生活,赖德菲尔特(Robert Redfield)指出,在农业社会中农民认为农耕是一种具有尊严的生活,是一种具有德性的劳作,他们以这一生存方式和这种身份自豪①。古代劳作之美是生活审美的重要组成部分。农人通过农耕劳作把握当下,乐观展望未来,将德性和生活融合不弃。德性与生活相融从德性角度讲,可使德性的追求有丰厚充实而感性的内容,此为伦理审美化;从审美的角度来看,可使美的追求则因着伦理的维度而具有超越性,此为审美伦理化。李泽厚之"乐感文化"认为,人应以审美的态度来观照人生和宇宙,但乐感文化也内在包含着德性前提。

我们对生活审美伦理性的历史发展进行简要梳理。夏商时期人们敬畏天子,因为天子受神庇佑,可以和神直接沟通(通过祭祀手段,或者说因为他们本身是神的后裔,所以神只和他们交流,他者无权力、无能力与神沟通)。西周时期,王者认识到得民心才得天下,所以特别强调王者自身的道德修养,人们也开始敬仰"王者的德性"。后来"王者的德性"演化为"德性的王者"(有德性的人皆可称王)。在实践过程中逐渐推广为上层贵族人人均应有德性修养。西周后期到东周下层贵族士分化后"以道自任",注重德性修养。西周的国家教化以及后来儒家众多弟子的宣讲,礼乐文化

---

① Robert Redfield, *Peasant Society and Culture*, Chicago: University of Chicago Press, 1956, p. 66. 虽然作者是以北欧和玛雅农民为例展开论述的,但联系中国古代"士、农、工、商"的排列,可知农民阶层及农耕在传统文化中的地位和价值意义。

（包括其后发展而成的"礼仁"文化）和德性紧密结合，德性文化从上层推及底层，辐射到中华民族全体，可谓"无不覆焘，无不持载"。中国古人日常生活的方方面面均被德性浸染，生活审美实现了道德化。上述历史脉络可概括为：夏商敬"王"，周代敬"王之德"，再从敬"王之德"到敬"君子之德""士之德""庶人之德"，并以此与礼乐文化相结合（这可以解释为什么中国传统音乐的演奏也要"发德""示德"，强调其情感的伦理性）而教化民众，遂形成了民众伦理化、德性化的生活审美。服饰要彰显德性，如上文提到的"十二章"：

> 日、月、星辰，取其照临也。山，取其镇也；龙，取其变也；华虫、雉，取其文也；……宗彝、虎蜼，取其孝也；藻，水草，取其洁也；火，取其明也；粉米，白米，取其养也；黼若斧形，取其断也；黻，为两己相背，取其辨也。①

天子衣上绣十二章，"所指"天子具有临照天下万民，稳重、机变、崇文、孝爱、洁净、温暖、富庶、果决、明辨等德性。房屋建造要使"王者之德光被四表"，张贴于房屋门柱等位置的楹联更是德性美的集中体现。射礼要"立德""观德"，乐者要"发德"，天子为乐其目的是"贵诸侯之德"（《礼记·乐记》），此种种皆是德性为美的具体表现。

"合德为美"进一步发展为"以善为美"，符合德性的言行举止就是美，即语言美、行为美（见图2-10）。德性修养在下述三方面可与审美相通：其一，德性修养给主体带来的愉悦感类似于伴随审美活动的愉悦感。王振复说："道德何以能够走向审美，在快感这一点上，是因为两者共通于'幸福'的缘故。"② 德性的自我完善带给人一种幸福感，这与审美活动中主体

---

① （宋）蔡沈：《书经集传》（卷一），上海古籍出版社1987年版，第18—19页。
② 王振复：《中国美学的文脉历程》，四川人民出版社2002年版，第587页。

心性的圆满自足感类似，因而德性修养可通向审美之境。其二，德性修养和审美都追求一种类宗教性的情感极致体验和最高精神境界，纯粹、庄严、肃穆、崇高、丰满。德性修养的最高之境天地境域也是最高的审美境域。其三，道德和审美均为人类超越现实世俗的途径，二者是人类认识自身、追问生命意义最终确立的核心价值，德性必然最终趋向于审美。

图2-10　安徽黟县西递东园的扇形漏窗，"扇"通"善"，主人用此窗告诫族人要与人为善

但德性为美不仅仅是外在的与人为善，更深层而内在地体现为一种人格美。修身养性是中国人（特别是"士"阶层）特有的生活方式，中国古人对自然界现象如日食、彗星、地震、植物生长、动物奔跑等的观察和思考不是为了探寻自然事物之奥秘，进而征服、改造、使用之，主要在于这些自然物一方面能够启迪人性，揭示人生伦理德性真谛，另一方面能赏心悦目、怡情养性。这种人格美在中国古代男子被称为"君子"，女子被称为"淑女"。

二　人格美

"君子"原是对地位尊贵之人的称呼,主要指其社会角色。但西周伊始,人们认为地位尊贵者德行也应高尚,"君子"的含义便转为对地位尊贵德行高贵的人的称呼。历史上地位尊贵德行低劣者层出不穷,所以"君子"之意再次转指"德行高贵者"而逐渐忽略掉了原初"地位尊贵者"的内涵。

(一) 君子

"君子"之人格美主要表现在三个方面:其一,从内质讲,君子需有仁德爱民之心,有持守信义之念。"君子怀德,小人怀土""君子谋道不谋食""君子之言,信而有征""君子喻于义,小人喻于利"(上述引文见《论语》)。德性上有自主性和坚定性,德性之美是君子的必要条件。中国传统社会尊重有德之人和有学问之人,所谓"尊德性、道问学"。在这二者中,又以德性为先。金耀基先生引用马克斯·韦伯(Max Weber,1864—1920)的话说中国传统教育非为训练专才或激励英雄性格,而志在养成娴于经典之文化人,即君子[①]。君子本身即目的而非手段。君子之美重在内修,其内心是自洽而完整、美善相合的。其二,从外形讲,君子要风度翩翩,威仪棣棣,即"莫不令仪""既见君子,乐且有仪""文质彬彬,然后君子"。其三,从性情讲,君子温厚谦逊,和善稳健。《诗经·小雅》中有"君子乐胥,受天之佑""既见君子,孔燕岂弟",《周易·乾卦》中说"君子终日乾乾""夕惕若"。"乐胥""岂弟""乾乾""若"均着力指向君子平易友善,亲切温和的秉性。概言之,"君子义以为质,礼以行之,孙(逊)以出之,信以成之,君子哉!"(孔子语)。"叔孙所馆者,虽一日必葺其墙屋,去之如始至。"叔孙所为便是君子人格美之呈现。《左传·成公二年》中记载了范文子等人的事情:

---

① 金耀基:《从传统到现代》,中国人民大学出版社1999年版,第13页。

晋师归，范文子后入，武子曰："无为吾望尔也乎？"对曰："师有功，国人喜以逆之，先入，必属耳目焉，是代帅受名也，故不敢。"武子曰："吾知免矣。"郤伯见公曰："子之力也夫。"对曰："君之训也，二三子之力也，臣何力之有焉。"范叔见，劳之如郤伯，对曰："庚所命也，克之制也，燮何力之有焉。"栾伯见，公亦如之，对曰："燮之诏也，士用命也，书何力之有焉。"

范文子、郤伯、栾伯不仅不居功自傲，还恪守辞让之礼，其谦卑恭和、敦厚儒雅之态彰显着君子之美。《左传·庄公二十二年》载："饮桓公酒，乐。公曰：'以火继之。'辞曰：'臣卜其昼，未卜其夜，不敢。'"得国君厚待，陈完不仅不恃强凌弱，也不竭力讨好，反而克己自身，遵守礼法，谨言慎行，这些德性即为君子之美。

（二）"淑女"

君子是中国古代社会理想的男子形象，淑女则是中国古代社会理想的女性形象。《诗经·关雎》中"关关雎鸠，在河之洲。窈窕淑女，君子好逑"，"淑女"和"君子"对举，是为中国理性人格美的代表。"窈"意指含蓄、温柔、文静，"窕"意指迷人、温雅。"淑女"就是温柔、娴雅、文静、妩媚的女子。

"淑女"虽多指未婚适龄女性，但不能将之理解狭隘化。中国古代社会对女性的伦理要求是"三从四德"，做到"三从四德"的女性即"淑女"。"三从"的女性是孝女、贤妻、良母。"三从"的核心是女子要有自我牺牲精神，为父、为夫、为子而活，为家族而活。如此高的道德标准，极类似于美学上的崇高美。古代中国的一些女子心甘情愿让丈夫纳妾，在丈夫不情愿纳妾的时候竭力劝说丈夫纳妾，甚至还私下帮丈夫买妾。现代学者多以男权主义来解释这一现象，视之为女性受压迫的实例。暂且将"主义"和"封建性"此类词语搁置，古代中国女性这种深切博大的爱绝非将"自我""个体"置于首要地位的现代人能理解的。"四德"要求女性谦恭、柔顺、坚贞(女德),穿着要大方整洁、适宜合度(女容),说话要字斟句酌、言语得体(女言),家庭生活要勤于纺织、刺绣、厨事等,勿于嬉戏玩闹间浪费光阴(女工)。表层的"三从四德"因与封建男权的血肉联系理应遭到唾弃,但内在深层的牺牲精神、谦恭温雅、穿着得体、言语合度、勤勉上进等,很难说不值得现代社会的独立女性学习。

第三节 形式礼仪性

一 "礼乐文化"与形式礼仪性

辜鸿铭先生说,中国人和中华文明的特征是"深沉、博大、淳朴、优雅"。优雅即指中国古人生活的礼仪性。中国古代生活审美的形式礼仪性源于中国的礼乐文化。礼或源于上古宗教祭祀(见图2-11),或源于上古民间习俗,或是为了节制人情欲望,又或三者兼而有之,是诸多原因共同起作用的结果。但无论其产生的缘由为何,均昭示着人们对有秩序有规律的安稳生活的渴望。在经典文献中也反复叙述着同一个主题:礼乐是世界的本体性存在。

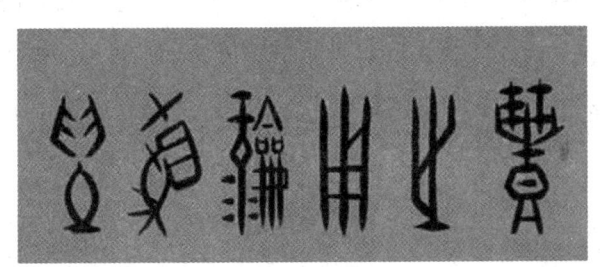

图2-11 甲骨文"礼(禮)"字,上部为两串玉,下部为器物"豆",为祭祀所用,可见礼与原始宗教的关联

> 礼必本于大一,分而为天地,转而为阴阳,变而为四时,列而为鬼神。(《礼记·礼运》)
>
> 天高地下,万物散殊,而礼制行矣;流而不息,合同而化,而乐兴焉。(《礼记·乐记》)
>
> 乐者,天地之和也;礼者,天地之序也。(《礼记·乐记》)

自然万物呈现的秩序与和谐是天地(在中国古代文化语境中"天地"即指宗教文化中的"世界")存在礼乐性的具体表现,天地的本体便是"礼"和"乐","礼乐"是天地之道。① 基于此,从夏开始,经由商到周,人们模仿"天道之礼乐",创制了"人道之礼乐",并将礼乐提到了"经国家、定社稷、序民人、利后嗣者"的高度。礼有宗教的、政治的、道德的意义,也有审美的意义。张法先生经研究指出,"礼(禮)"这个字包含着"示"(地点)、"玉"(器物)、"豆"(饮食)、"壴"(乐器)。礼之为空间,体现为一种建筑美;礼之为器物,体现为一种雕塑和图案美;礼之为过程,体现为一种音乐、舞蹈、戏剧之美;礼之为"巫",体现为一种服饰衣冠美、身体行为美;礼之为饮食,则演化为中华民族博大的美食文化。中国美学史上的诸多美学概念如"中""和""味""象""体""乐""文""悟"等皆与礼相关②。

礼仪的审美性有以下三个原因:其一,礼仪和艺术具有同源性(同源于宗教)(见图2-12、图2-13)。哈里森说:"对于艺术而言,其早期阶段,其相对简单的形式,就是仪式,仪式就是艺术的胚胎和初始形态。"③

---

① 本书为行文方便先论述"天道之礼乐"后论述"人道之礼乐",但在华夏民族生活实践历史长河中,"天道之礼乐"和"人道之礼乐"孰先孰后无法真正还原,但两者的相生最终形成了中国的礼乐文化却是不争的事实。

② 参阅张法《礼:中国美学起源时期的核心》,《美育学刊》2014年第2期。

③ [英]简·艾伦·哈里森:《古代艺术与仪式》,刘宗迪译,生活·读书·新知三联书店2008年版,第133—134页。

图2-12 马家窑彩陶上的"巫"字。原始巫师主要以跳舞来和天地沟通。"巫""礼""艺"同源

图2-13 四川凉山出土的青铜器"铜树枝"上的原始祭祀

又说:"古代艺术和仪式不仅是关系密切,不仅可以相互阐发和说明,两者其实就是一母所生,源于同一种人性冲动。"[1] 此人性冲动即超越现实世界的渴望。源于上古宗教祭祀的礼仪有着现实的功用,但是在操演过程中,

---

[1] [英]简·艾伦·哈里森:《古代艺术与仪式》,刘宗迪译,生活·读书·新知三联书店2008年版,第7页。

参与者获得了超越现实的精神体验①。他们的敬畏和虔诚,他们的激情和渴望,引领着他们进入了另一世界。这种超验性正是礼仪审美性的原因之一。其二,荀子说礼可以"养人之欲,给人之求。使欲必不穷乎物,物必不屈于欲,两者相持而长"②。"养人欲"指礼的审美特性。物性和欲望的平衡即规律性和目的性的平衡,即审美。礼仪和情感存在着两种关系:"以礼节情"和"以礼饰情"。不论是"节情"还是"饰情",皆是为了不纵情、不忍情,礼的威严性使礼乐转向内在之情,长期的连续积淀使情呈现为符合人性的方式。情与礼的这种关系是礼仪具有审美性的第二个原因。其三,西方传统文化对"人"的定义是有高度个体化的创造力与非常规性的行为和活动。中国传统对"人"则界定为:个体是人际网络秩序中的一个元素,其日常行为要在特定的秩序中进行符合"角色"的"表演",如在父子秩序网中"父"的角色为"慈",子的角色为"孝"③。每个人在不同的场合要进行不同的礼仪"表演",否则就是"无礼"。这种日常的表演和艺术的表演有类似之处,从形式上来说自有一种美感。

礼乐文化在战国时期基本瓦解,但礼乐文化的仪式性和形式感并没有消失,反而获得了一种独立的生长,"礼失求诸野",礼乐文化在先秦贵族文化衰落后流落到民间下层而得到了保存。不仅如此,事实上每一个封建王朝的建立者都会重新倡导礼文化并尽力实践之。历代王朝国家通过行政手段强力推行的礼文化客观上形成了中国古人的"行为艺术"。这种行为艺术不仅在上层贵族和文人士大夫阶层得以实践,即使在贩夫走卒、普通民

---

① 商人将鬼神置于首位而仪式次之,周人则置仪式于首位而鬼神次之。这种变化显示了仪式自身的独立。查勒(R. C. Zaehner)说,(祭神)仪式在本身具有宇宙论意义上的重要性。除却仪式本身具有的宇宙论意义外,仪式审美性的凸显也是仪式能够独立的重要原因之一。参阅[美]本杰明·史华兹《古代中国的思想世界》,程钢译,江苏人民出版社2008年版,第65页。

② 《荀子读本》,王忠林注,(台北)三民书局1972年版,第284—285页。

③ 金耀基说中国五伦即是儒家设立的角色系统,这角色系统建立在"身份取向"原则之上,即个人的行为是以身份来决定的,特定的身份就有特定的行为。参阅金耀基《从传统到现代》,中国人民大学出版社1999年版,第26页。

众中也得到了很好的普及。贵族的礼仪另专辟章节予以论述,此处略论底层民众的日常礼仪之美。人们行走时要"行不中道,立不中门",即在道路正中间行走或站立在门中间都是失礼行为。地位卑微者见到地位尊贵者应"趋礼",即要低头弯腰,小步快速走过。同辈人见面要行拱手礼,即右手握拳在内,左手覆外,举至胸前立而不俯。表示答谢或去做客见面时应行作揖礼,即两手抱拳,拱起再按下去,低头,上身略向前屈(见图2-14)。见至尊者行跪拜礼,即双膝着地,头手有节奏触地叩拜。坐座位时则应"虚坐尽后",即身体尽量靠后。

图2-14 古人作揖类似现代的行为艺术

二 《家礼》及世俗礼仪的审美性

《家礼》相传为朱熹所著,自宋代以降,为民间世俗礼仪参酌之根源。明代丘濬著《家礼仪节》八卷,使家礼内容俗化,易于践行。宋诩撰《宋氏家仪》延续丘濬之意,使礼仪践履更为日常。清代毛奇龄著《家礼辨说》则志在民间礼仪合于古经,亦合《大清会典》和《大清通礼》。康熙、雍正、乾隆诸帝的倡导推行，民间世俗礼仪终成。

丧礼为世俗礼仪之代表。即使几经简化，依然规矩众多，仪式繁缛。因此本书侧重美学视角，故略去对礼仪的解说，关注其蕴含的审美特质。

其一，亲者逝，生者哀。五服之服，孝杖之执，虞辰之制（做七之制），皆尽生者之哀思和不舍之情。生死离别之情需族人共同见证，哀痛的情感才得以较为完全的宣泄和释放，生者对死亡的体验也更为深刻。其二，亲族在死亡面前的相互帮助和抚慰有力地增进了生者相濡以沫的亲情，人伦教化也在仪式中逐步渗透至每个个体的心性层面。个体对死亡和别离的情感体验和族人间相亲相爱的情感体验交融互渗，强有力地增进和深化了参与者的情感意识。其三，叩头、执杖、护丧等仪式的存在又或松或紧地框式着情感的抒发和宣泄，避免过分滥情或萎靡而伤身。其四，玄理术数在民间广为流传，底层民众对其信从有加，丧礼活动的各种仪式更增添了生命的神秘。生者通过丧礼仪式体验生命的神秘，从而对生命产生虔敬的情感。这种虔敬的情感能使生者更加珍爱善待自身及他人的生命，努力地生活。上述四点虽然表面和审美关联较浅，但在根本上和人类最深层的审美体验相关联，并在多次反复的实践中可积淀成为每个个体的审美经验。

其他如拜帖、礼帖、请帖，或为六条，或为十三条，条条细致具体而周备；宗族、父族、母族、妻族、子女、同门、世交各类称呼，详尽而繁复。表现了古代中国人人际交往时对他人发自内心的诚恳、尊重和谦恭之情。这种诚挚、尊重和谦恭之情通过这些帖子和称呼等形式礼仪得以彰显，从而带有了雅致、温良的审美意味。

三 礼仪之美与身体行为艺术

礼仪最初源于"祭有祈焉"，即求福是祭祀的前提。天子祭祀所求之福便是社会安定国泰民安。与之相对的还有另外一种目的，是"自尽其敬"

(《礼记·郊特牲》），即参与礼仪活动的目的是为了让参与者的心态达到一种至敬至诚："洞洞乎，属属乎，如弗胜，如将失之"（《礼记·祭义》）的境界。礼同时具有安定外在的"伦理—社会秩序"和安定个体的"内在—心灵精神"双重价值。在日常生活中，虽然没有先祖、神灵的审视，但礼仪践行时要求的至敬至诚的精神境界会逐渐内化并提升人的道德修养和人格品性，何况礼的实践本身要求个体要有忍让的气质，此种种通过言行举止的秩序性和规范性予以体现，因而形成一种礼仪之美。即使在明显引导竞争和比赛的射箭场合中，人们依然要遵从礼仪，而且最后的胜利者也属于严格遵守礼仪规范的射者。中国古代遵守礼仪被认为有德性，而德性的胜利才是最终的胜利。《礼记·文王世子》中说："乐所以修内也，礼所以修外也，礼乐交错于中，发形于外。"孔颖达解释说：

> 乐是喜乐之事，喜乐从内而生，和谐性情，故云"所以修内也"。礼是恭敬之事，恭敬是正其容体，容体在表，故"所以修外也"。乐虽由中，从中而见外；礼虽由外，从外而入中。是中之与外，皆有礼乐，故云"礼乐交错于中"，谓交间错杂于其情性之中。"发形于外"，谓宣发形见于身外也，谓威仪和美也。①

这种礼仪之美不仅表现在衣物配饰上，而且体现在仪容、仪态、仪言、仪止，成为一种身体艺术。所以辜鸿铭将"礼"翻译为"the strict principle of art"，即"艺术的严格原则"；将"礼的践行"翻译为"the practice of art"，即"艺术实践"。周作人也认为中国的"礼"就是"生活之艺术"（见《生活之艺术》）。这种礼乐文化发展而来的身体艺术主要体现在上层贵族的生活审美中（见后文分析），也体现在文人士子的交往中，他们见面即躬身作揖口呼"贤兄""贤弟"（见图2-14），甚至在争论到"目裂颈赤"

---

① 吕友仁：《礼记正义》，上海古籍出版社2008年版，第635页。

时依然要"高拱手,低曲腰"(见金圣叹《快哉三十三则》)。这是典型的行为艺术。这种节制的言行举止在一定程度上保证了群体人际关系的和谐安稳,使人与人之间的交往有种文质彬彬、张弛有度的美感。这种身体的行为艺术也体现在市民百姓的日常生活中。例如,进餐时,长者举箸后晚辈才可进餐;进餐后,先离席者要手拿双箸说"慢用"等。在路上相遇,需"少避长"(年少者应为年长者让路),"轻避重"(负轻者应为负重者让路),"去避来"(本地人应为外来者让路)。

形式礼仪性和秩序规范性二者时常会合在一起成为古代的"礼"。中国古代文化对人的设置是肯定和强化个人对礼仪化和常规化的遵守,具有创造力和非常规行动能力的人常被斥为"野人"。"礼"否定了创造性和个人主体性,人的表情、举止、言语死板化、模式化和标准化,统治者用审美的手段将个性压制甚至吞噬。这是礼仪审美的异化或反动性。礼仪审美的异化即使在现代也依然值得我们警惕。但另一方面,形式礼仪性又需和伦理道德性结合在一起,美妙而有感染力的仪式需一人格的"在场"为前提。形式礼仪之言行源于人格内在之德性,德性是比等级性更本源的人性,因而有德性在场的形式礼仪的言行就是生活审美活动。

第四节 切身体验性

一 情境的体验

审美体验是审美经验的一种类型,在审美经验中具有奠基性作用,是审美经验的基础。英文 experience 兼有"经验"和"体验"双重内涵。但汉语中,"经验"更倾向于客观性和被动性,多和现实实用性有关;"体验"更侧重主观性和主动性,多和个体生命内在相连。"体验"之"体"点出了身体在其中的优先性和必要性。中国生活审美的切身体验性具有原初性、本体性、先在性和整体性,其旨在强调审美活动中全身心沉浸于审美情境、感同身受的审美直观。古代西方美学以宗教为主,认为在现实、自然、社会中虽有美的存在,但这种美夹杂着功利性和实用性,因而不纯粹,不值得肯定。要想获得纯粹的完全的审美体验,必须与现实生活、社会事物、自然现象拉开距离,摒除功用性的考量和知识概念的羁绊,采取纯形式的、静观的方式进行。宗教不直接和现实功利相关,是无关知识概念的存在,所以只有宗教美才是真正的审美。中国传统则认为美与功用性、知识概念不可分割,身心交融共在,人与世界相互关联不可分割。功用性和知识概念不仅不是审美活动的障碍,反而正是在实际的功用中、在知性的相伴中才能更强烈更全面地进行审美。在审美活动中人的心神、身体和情境不仅不可分割,而且需要各因素的积极介入、全力投入,审美活动正是在各因素动态的相互摩荡中才能进行。所以,中国古代的审美活动虽然也有诸多的艺术审美,但大量的审美活动则和现实生活息息相关。农业时代相对静态的生活使他们能潜心细细玩味所遇之物,长期的文化心理积淀性使他们对日常中的审美质素较为敏锐,有相对较高的审美能力,能较为频繁地以审美心态来生活,在穿衣吃饭中审美,言行举止以审美方式进行,更喜欢在出行游玩中进行审美体验。中国古人并不认为这种在现实生活中进行的有直接实用目的的审美就不纯粹,反而认为这种在生活母体中不脱离生活原初场域、能切身体验具有实际功用性的审美而非脱离生活的静观默想的纯粹艺术审美才更为真实更值得肯定。

笠原仲二说"中国人最原初的美意识直接起源于味觉体验"[①]。中华民

---

① [日]笠原仲二:《古代中国人的美意识》,魏常海译,北京大学出版社1987年版,第5页。

族可以说是世界上最重视饮食的民族,上古时期食物的匮乏在民族心理中积淀为对美食的热衷,厨师精湛的技艺可使平凡的食材变为精妙的美食,所以中国古代的"美"和口腹之欲之"食"关系极为紧密。中国古代饮食的"甘""美"均指肉体的、官能的体验,指食物含在口中引起的口舌快感和由此带来的心的喜悦和快乐,所以中国人原初的美的意识主要是"某种对象所给予的肉体的、官能的愉乐感"[1]。这种肉体性、官能性指出了中国古代生活审美的实际功用性和切身体验性。汉学家安乐哲说中国哲学是过程式思维,正是在现实生活过程中中国古人发现着美,进行着审美活动。梅洛·庞蒂说中国的先哲们"不是去思考这个世界而只要求去体现它"[2]。李泽厚也说"实用理性之思维……极具具体情境性"[3]。实用理性思维的情境性暗合着日常生活审美之维的情境性。高渐离在集市中以屠狗为生,荆轲喜欢喝酒,经常到集市找高渐离喝酒。高兴时,高渐离击筑,荆轲和着击筑之音放声歌唱,旁若无人(见图2-15)。击筑、唱歌是自娱自乐式的非表演性的身体行为,是喝酒、聊天等生活活动的作料,因而是典型的生活审美,极具情境性。人们喝着酒,品着醉青虾,听着老板或街头艺人的段子戏,微醉的时候坐着人力车回家。类艺术性的听戏与喝酒、吃虾等生存行为混融为一体,无法分割(不同于艺术性的对象性的可分割性的艺术审美),因而属于生活审美活动。陕西的羊肉泡馍,客人洗净双手后在细细掰馍中体验着手工艺的乐趣和滋味。厨师再根据馍块的形状,以馍定汤,或为口汤,或为干泡,或为水围城、单走,再以汤调料,武火集煮,适时装碗。小二吆喝着端上前来,肉香、料香、馍香混合在一起扑鼻而来,热腾腾的羊肉泡馍调动起顾客鼻子、嘴巴、肠胃等全身的感官,投入

---

[1] [日]笠原仲二:《古代中国人的美意识》,魏常海译,北京大学出版社1987年版,第6页。
[2] [法]梅洛·庞蒂:《东方与哲学》,赵汀阳主编《论证》(第三集),广西师范大学出版社2003年版,第439页。
[3] 李泽厚:《论语今读》,生活·读书·新知三联书店2008年版,第212页。

美食的享受中。小吃讲究的做工,市井热闹的氛围,独特的小吃的味道,使人们沉醉于生活情境中的感觉,即每天都在上演的现实生活中的审美。叶朗、杨春时均认可,中国美学认为美不自美,美的本质即审美,审美对象必须通过审美体验才能成为审美对象,审美体验是发现审美对象的方法①。"世事洞明皆学问,人情练达即文章"即在讲现实、知识和审美的统一性。中国的诗词曲谱、书法绘画无不真切地摹写着现实的人事人情之美。

图2-15 高渐离、荆轲在市井中击筑歌唱

切身体验性首先和中国的重生、重身文化相关。诚如徐复观所讲,中国文化的主流是人间的性格、现世的性格,其将生前的世界和死后的世界束之高阁,将探讨的重心均放在了此世的生活中。重生意识直接导致了身体在中国传统文化中具有根基性。"身体发肤受之父母,丝毫不能损伤"就是对重身意识的极端表达。"重身"成为"重生"直接而鲜明的表现。"重

---

① 参阅叶朗《美学原理》第二章,北京大学出版社2011年版;杨春时《乐道·兴情·神韵——中华美学的审美本质论》,《学术月刊》2016年第1期。

身"首先表现为养生长寿,在先秦最原始的文献(如《尚书·洪范》的"五福")记载中,长寿被中国人认为是人生最幸福最美的事情。但重视身体并不仅仅意味着长寿长生,而是要在现世此在的生命中尽可能地享受生活中最美好的事物。他们重视身体的保养因而人体有种外在的形象美,重视感性的享受,但这种享受又是在有利于身心和谐发展的尺度内进行的,审美在此被赋予积极的意义和正面的价值,审美即养生、利生、乐生。人之五感,视觉、听觉、味觉、嗅觉此四感集中在头部,第五感即触觉,其来自全身,是最直接、最强烈的感受。审美对于养生、养身的正面价值直接鲜明地体现在五感中,它们在缓慢的生活节奏中仔细捕捉着生活中的细节,并充分调动身体五感将这些细节放大,以寻找生活之美①。所谓"春有百花秋有月,夏有凉风冬有雪",人们对春雨、冬雪的审美基于春雨、冬雪带来的丰收,对夏风的审美直接和夏风在炎热夏季带来的凉爽相关,对秋月的审美源于明朗的秋月可以延长人们生产、生活的时间,时间的延长适当减缓了秋季繁重的农事收割。这些对春花、秋月、夏风、冬雪的审美无一例外有着实用的根底,因而属于典型的现实生活审美。人们在现实生活时空中真切体验着春花秋月,切身感受着夏风冬雪,这种体验是全方位、多途径、多层次、立体的、综合的审美体验。"重身""重生"而且"乐生"。李泽厚说,乐感意识是中国的集体无意识,乐感是中国文化的原型,是"百姓日用而不知"的文化心理格式。这种文化对人生和世界的态度是肯定而执着的,人们积极为生命而努力生活,并且为了生命更加美好而努力保持着人际的和谐、人与自然的和谐,既不放纵情感使肉体受损,也不禁欲而丧失生活之乐,人们热切关注现实世界、世俗生活之乐,并在此基础上追求心神安乐平和,在现实世俗中寻求超越,在此生有限中寻求无限。实用理性使中国传统认为"有"是"无"之基础和本源,因

---

① 重触觉体验生活之美突出体现为情境(场景)审美和氛围审美。

为"有"之需要才假设出"无","无"是"有"的形而上假设。但"有"之艰难与困窘更激发了人们在悲苦和困境中对美积极主动的不屈不挠的追寻。有人说中国文化是"苦感文化"。其实,苦感文化与李泽厚的乐感文化并不矛盾,反而精准地描述了中国文化的一体两面性。正视困境与苦难,自强不息努力进取,挖掘生活之美来自娱自乐,中国人将三者携手前行而并行不悖。

切身体验生活之美不仅和中国的"重生""重身"文化密切相关,也和中国的群体性文化相关。渔猎文明导致西方古代生存资源的获取需要人与自然的搏斗,这使得古代西方个人意识和主体意识形成较早,在日常的生活审美中更强调展示个体的英勇和独立。中国古代的农业文明依赖自然,人与人之间生产生活注重合作,这种群体性的生产生活使其更注重生活审美的情境性。比较而言,在古代西方的生活审美中,情境只是个体之美的背景("独乐");在中国古代的生活审美中,情境是群体性审美的必然前提和要求("与人乐")。例如,在古代中西方都重视体魄的锻炼。古代西方展示体魄之美或为战场或为竞技场。但战场和竞技场仅仅是展示英雄人物个性之美的舞台和背景,参与者对于获胜者而言更多的意义是"看客"。中国古人的体魄之美主要是在射箭比赛中。射礼就是中国古代的射箭比赛。在礼射中,主、客、宾均要参与,在酒的雅兴和音乐的节律中展开,比赛虽分胜负,但更要展示谦逊有礼的品行,而最终要达到一种宾客尽欢、其乐融融的目的。这就是一种极具实用情境性的审美活动[1]。实际上对于专业未细分的古代世界,人们对于音乐、舞蹈、诗歌等并不是有距离的欣赏,因为他们是这些活动的直接参与者。有时候贵族们琴瑟在手,相率起舞,达到了人际的和谐,这就是他们的日常生活,不同于完全独立

---

[1] 战争和竞技赛在古希腊时期的各个城邦都非常频繁,是人们日常生活的一部分;射礼在中国古代也非常频繁,大射、宾射、燕射、乡射,涉及了从天子到诸侯再到平民的各个阶层。射礼经常又和娱乐性的歌舞活动结合在一起,是中国古代生活审美的一个重要组成部分。

的现代艺术，普通大众对之较多的是有距离的观赏而不是切身的体验参与。

基督教在西方有着根深蒂固的影响，宗教渗透在西方日常生活的各个方面。体验神性之美，是宗教生活中很重要的一个方面。但因为神的非实体性和超越性，所以在现实生活中人就无法切身感受神性之美而只能通过静观或冥想，通过心灵和理性而非通过五官感觉体验美之存在，这是古代中国审美实践和古代西方审美实践鲜明的不同。中国古代主流文化中没有外设的"神"或"上帝"存在。非主流文化即使认为存在着"天"，但"天"也更侧重其"价值之源"内涵的设定，并且"天情"可下通于万物生命和每个个体身心之中。个体自身之生命之美、生活之美也可通过体验周遭万物生命之美而上达价值意义之源"天"。例如中国的祭祀活动，在祭祀过程中，参与者既是导演者，又是表演者，也是观赏者。参与其中的每个个体在程式化的言行中开辟出了一个与日常生活不太一样的超越时空。伴随着袅袅的香烟、沉沉的礼乐，在这超越的时空和专注的想象中，活着的人和死去祖先的灵魂获得了某种精神上的交流和沟通。迷离恍惚之境和虔诚恭敬之情，使祭祀和审美的内通性、艺术和原始宗教的根脉之源隐现其中。因此，身心和谐和内在生命之美，人伦和谐之美，人与万物同在之美，均可通过身心的直接参与而体验之。西方传统的二元文化更侧重在教堂中通过冥想来体验神性之美，而中国传统的"形而中"[①]性则使中国古人将家庭和田园作为其生活审美的主要场域。西方古代的建筑向天空升腾，中国的建筑向平面铺展，拥抱大地（见图2-16）。比较而言，家居和田园比教堂更具有生活的情境性。以中国古代房屋建筑为例，中国古代的房屋

---

① 西方文化将本体界和现象界决然区分，本体界称为"形而上"层面，现象界称为"形而下"层面。中国文化的本体界和现象界是融合在一起杂然相处的，有学者将此特点概括为"形而中"。用西方术语来描述中国文化总有些削足适履之感，但在中西文化比较中这又是不得不采取的一种权宜之计。

建筑多用木制。木制建筑不利于高耸挺拔而利于横向铺展，拥抱大地，同时梁、檩、椽的相互穿插和叠加又有利于构造宽敞、明亮、舒适的内部空间。以家居和皇宫为主的中国古代建筑极好地展示着中国世俗化的情怀和审美。斗拱作为中国古代建筑的基本单位，"斗"形的木块与曲木（"拱"）在柱头相互叠加，在梁柱与屋檐间搭起支持力极强的骨架，把木柱的纵向支撑力逐层传递为横向，托起高大而动人的飞檐。斗拱疏密繁简的排列组合本身自有形式美（见图 2-17），更突出的是它托起的灵动的飞檐，或平直，或上挑，或下垂造成或质朴，或轻灵，或威严的审美效果（见图 2-18）。斗拱和飞檐作为中国古建筑的灵魂，淋漓尽致地展现着中国古人竭力以全身心来拥抱生活、享受生活的热情。

图 2-16A　米兰教堂，无限向上升腾的"火舌式"建筑

图 2 – 16B　平面铺展的故宫

图 2 – 17　晋祠的斗拱，层叠累加、繁复奢华

图2-18 灵动的飞檐。斗拱和飞檐增添了古建筑的动感,但又不脱离大地尘埃和现世情怀,与西方古代建筑区别鲜明

质言之,在中国古代,不论是达官显贵、文人士大夫,还是农民大众、市井商人,都"随时即景就事行乐"(李渔语):从饮食、衣物到房屋、冶游,"睡有睡之乐,坐有坐之乐,行有行之乐,立有立之乐,饮食有饮食之乐"[1],无不竭尽所能营造一种审美的氛围并在其中享受颇具审美意味的生活。正如利玛窦所说:中国人"将现世视为天堂,沉醉于盛宴戏曲和世间所有的一切陋习"[2]。

---

[1] (清)李渔:《闲情偶寄》,单锦珩点校,浙江古籍出版社2010年版,第321页。
[2] [意]利玛窦、[比]金尼阁:《利玛窦中国书札》,何高济、王遵仲、李申译,中华书局2010年版,第86页。

二 整体的圆融

"生活"一词在华夏文化语境中并不是一种静态的、固有的、即成的生存状态。"生"即生生不已,"活"即指源头活水日新月异(见图2-19)。"生活"在华夏文化语境中更多地凸显着中国人盎然的生命活力和生存能量。中国古代生活审美的整圆性表现在以下五个方面。

图2-19 "活"金文

第一,多种感官的交感性即"通感"。西方传统认为视觉、听觉是高等感官,与美相关,嗅觉、味觉、触觉则被视为低等感官,与肉欲相关。不同于西方传统,在中国传统文化中这几种感官平等共存,无高卑、上下之分,"味觉和嗅觉、视觉和触觉(就所谓'色'而言)、嗅觉和听觉(闻芳香)、嗅觉和视觉(以鼻观)等等之间的感觉性有不可分割的联系"①。宴饮是中国古代生活审美很重要的一种方式。在宴饮中人们享用美食,同时观看乐舞表演,人们在视(观看美食、舞蹈和美女)、听(弹奏打击之乐,诗、词、曲之歌)、嗅(闻美酒佳肴)、味(品尝)等多种感官交合中全身心审美(见图2-20)。

---

① [日]笠原仲二:《古代中国人的美意识》,魏常海译,北京大学出版社1987年版,第19页。

图 2-20　古代宴饮图

第二，身心合一。西方传统文化对身心关系有诸多探讨，但占据主流的是肉身为万恶之源，灵魂应掌管肉身，肉身此世的苦难可换取来世的幸福。此为典型的宗教型身心观，此身心观中身心处于激烈的对立状态，身的损伤毁灭意味着心的得救愉悦。典型事例是中世纪无数的修道士远离俗世繁华，到荒凉之地绝欲折磨身体，以获得灵魂纯洁。与这种身心对立的观念相反，中国传统文化中虽颇有争论，但占据主流的依然是身心一体、身心交关而相通的观点，郭店书简上"仁"字的一种写法是"身"上"心"下，这种从身从心说表明在中国古代文化中身体占据着基础性地位，"仁"即关爱生命自身。儒家文化认为肉身无罪，只是肉身之存在非常艰难。但无肉身则无喜怒哀乐，更无灵魂快乐，肉身的生存、肉身的拯救是前提，必须靠肉身去开辟生活、创造人生，肉体愉悦是精神愉悦、情感愉悦的根基，不强调脱离肉身的精神层面的美。

在审美活动中，这种身心整一性表现为身体感官的愉悦是首要的。真正的审美指这种肉体感官的愉悦和心理、情感、精神的愉悦的交融，仅仅停留于肉体感官愉悦被文化斥为"纵欲"（此处"欲"取其宽泛意义上的包括食欲、性欲、耳福之欲、五色之欲等在内人类本能的种种欲望）而遭拒斥。此方面极具代表性和典型性的是中国古代的青楼文化。男子到青楼中不仅是为了寻找声色之乐，而是为寻找一美妙的女子和她谈论诗歌、欣赏音乐、辨析书法、弈棋手谈。身体方面的口腹之欲、男欢女爱固然值得留恋，但更让男子留恋的是那些曼妙女子的才情，琴棋书画的畅谈和赏玩器物带来的心灵上的跃动和精神上的愉悦。此即周作人所说的"灵肉一致之象"（《生活之艺术》）。

第三，人伦的和谐。中国古代五伦核心是通过伦理道德对个体行为进行束缚而达到一种个体与个体和谐相处的社会美。中国古代的社会美突出表现为族群美。上文已谈过"礼"的践行是一种颇具审美意味的行为艺术。个体行为之美的推广为人群的和谐安稳（在古代中国典型地表现为家族人事人伦之和美），进而达到一种天下大乐的社会美。这三层关系中天下大乐的社会美由于种种原因限制难以实现，但前面两层即个体行为之美和家族群体之美的践行和实现则较为寻常。例如在家族性的宴饮中，人们在身体全方位的审美中可进入一种精神性的愉悦。在族人举杯同乐时又有人事融洽的和美，其乐融融的宴饮又加强着这种人事的和谐。《论语》开篇之有朋远来之乐即人事人伦之和美，《孟子》言"父母俱在，兄弟无故"的天伦之乐，也是人事人伦之和美。

第四，人与自然万物的同生共在。西方传统认为自然是与人类对立的存在，人类与自然是征服与被征服的关系（近代"自然"被认为是"given"，具有给定性和规范性，类似上帝，具有神圣性，所以有"自然法"一词。近代浪漫主义流派认为自然意味着诗意和自由，但这并非主流）。与此不同，农业生产和生活使大多数传统中国人对"天""物""自然"都采取了一种爱之、乐之、好之的态度,他们在四季流转中欣赏着春花秋月,细玩着落叶飞雪。花草树木、飞禽走兽、风卷云舒,在他们眼里是"万物有情""江山有意",天地万物之自得和宇宙之生机自有内在之美。与此相关,中国传统文化更强调"自然""自然而然"的生成和变动之意。自然万物是自在自足的,人与自然相处的最佳样态是尽人之性,也尽物之性;人和自然万物是"并育而不相害",人是自然万物的伙伴和邻居,人们在乐山乐水的"以乐待物"中实现人与自然的灵性相会。自然对中国人来说并非对象性的外在存在而是中国人生活的有机组成部分。庄子说人们应该"原天地之美",意即人们回到世界中,在天地与我并生、万物与我为一中体验自然原初的美。中国山水画的散点透视法,人在山林中即景即情、即行即景,审美在人们的行走游玩中动态展开。古典园林的游玩宴饮和自然山水中的游玩宴饮是他们的一种生活方式,不同于现代社会的旅游出行,所以他们不仅在大自然中细玩自然之美,倾听"物语"(倾听物的表达),而且力图让自己的生活尽可能地贴近大自然融于大自然:村落布局,房屋地基、朝向要讲风水——风水是古代的"地理学"或"生态学",讲风水就是讲究人与自然和谐共处。北方居民习惯在庭院中种植松树、桃树、枣树、槐树等,南方居民房屋前后有风水林(见图2-21),白墙青瓦,溪水环抱。花鸟鱼虫、云山水竹被林林总总地雕刻在额枋窗户、桌椅门床上,烧烤在杯盘碗碟上,织绣在衣服被褥上。中国古人竭力让身体随时随地贴近自然万物,并且怡然享受着和自然万物共生共存共在的美好时光,他们在日常生活中竭力让自然之物围绕,在情感上直接拥抱自然万物。上述四个层面虽然在每次具体的审美活动中各有侧重,但这种圆融整一性作为基础和前提内存于每次具体的审美活动之中。

图2-21　古民居的风水林

第五,"现象界和本体界"的不隔不碍、不即不离。刘勰《文心雕龙》中有"凡操千曲而后晓声,观千剑而后识器。故圆照之象,务先博览"。"圆照之象"意圆融观照呈现之象,消融物我呈现之象即审美意象。例如敦煌壁画中的乐舞,天乐和俗乐杂层其中,天乐着力表现天界的热闹和繁华,俗乐竭力呈现人界的欢乐和幸福(见图2-22)。超越界和现象界贯通无碍。又如,汉画像砖和画像石中,神界的伏羲女娲和人界的耕种宴饮、畋猎歌舞交相辉映,一派升平(见图2-23)。敦煌壁画与人们佛教崇拜的文化生活相关,汉画像砖、汉画像石和古人的墓葬文化相关,并非现代意义上的纯粹艺术,是人们生活整体中的一个重要组成部分,不能从生活本体中分离,因而敦煌壁画和汉画像砖、汉画像石都属于人们的生活审美。方东美先生说,中国文化"一方面深植于现实界;另一方面又腾冲超拔,

图 2-22 敦煌乐舞,天乐人乐,一派康乐

图 2-23 汉画像石《农耕图》中有西王母、车王公、雷神、风伯、雨师、龙、朱雀、龙拉车

趋入崇高理想的胜境而点化现实"①。"宇宙、与生活于其间之个人，雍容洽化，可视为一大完整立体式之统一结构，其中以种种互相密切关联之基本事素为基础，再据以缔造种种复杂缤纷之上层结构，由卑至高，直到盖顶石之落定为止。"② 中国传统文化的腾冲超拔可统摄万物，包举万象而又一以贯之；当其观照万物时，又具有丰富性、饱满性和充实性。学者们用"形而中"来对此特点进行概括。此词虽为西方术语的借鉴，但也可勉强反映中国古代生活审美的这一特点。王尔敏先生说中国"自上古以迄清末，所祭神祇并不设像"③ "甚至皇家太庙列祖列宗，亦只书写神主而不设像"④。中国传统文化本体界与现象界相融共在，从现象界可直达本体界，所以不设像只书神名即可。这和中国传统文化对宇宙的理解相关。中国传统文化中的宇宙是气化流行、阴阳相生、虚实相成的宇宙。气在宇宙天地间流转形成万物，万物寂灭后复化为气。气分阴阳，阴阳相荡相摩，人在阴阳之变中应"静而与阴同德，动而与阳同波"。气化宇宙虚实两态，虚者实之，实者虚之。现象界之实，本体界之虚；本体界之实又化为现象界之虚。虚实之间，宇宙、自然、天地和谐共在。这种和谐共在的秩序就是一种美。与此宇宙观一致，中国古人认为生活应避实就虚，虚实相间才能畅达人世，审美地生活。

中国古代生活审美的圆融整一性与中国古人的整体性思维相关。这种整体性思维可追溯到"心灵宁静和真理自明的神话时代"（雅斯贝斯语）。在那个时代，人认为世间万物是一有机整体。万物有灵和交感互渗是这个时期人类认识事物的两种基本思维方式。随着历史的发展，人类的自我意识逐渐从这种原始思维中产生。在古代西方，人的自我意识发展较为充分，

---

① 方东美：《中国形上学中之宇宙与个人》，刘小枫编《中国文化的特质》，生活·读书·新知三联书店1990年版，第1页。
② 同上。
③ 王尔敏：《明清时代庶民文化生活》，岳麓书社2002年版，第11页。
④ 同上书，第12页。

结果分化了这种原始思维。中国西部高山阻碍，北部沙漠横亘，东部大海浩瀚，南部丛林茂密，这些地理山川的桎梏在当时难以穿越，因而形成了一个封闭的环境，这种封闭的环境形成了中国的整体性思维。古代中国则由于农业文明和宗法社会的长期传承较好地保留了这种原始思维①。钱穆先生说中国文化中宗教、政治、法律、哲学、艺术相互融合无此疆彼域，成"完整凝一"之态。此态和宋明理学之"理一分殊"皆强调中国古代的整体性思维。这种整体性思维被现代物理学认为是认识世界的更为根本的一种思维方式，因为世界本身的存在就是一种整体性的存在。量子力学是人类从科学角度对整体关联性世界的描述和揭示。在量子力学中，"关联度"和"定域度"是相互联系的一个整体。"定域度"指事物的相对确定性，这种相对确定性是量子退纠缠（退相干）后才能得到的。"关联度"指万物的相互关联性，即量子的非定域性。量子的非定域性，即量子的关联度是世界的本质。量子力学认为，世间万物是一个整体，人类看见的信息背后还有看不见的东西存在，世界的本质是非定域关联。"无中生有"之"无"并非什么都没有，只是我们看不见。我们认为的不确定性只是因为人们观察世界时总有定域局限性，不确定性的背后是世界的整体关联性。

中国传统文化将知、情、意融合在一起，不做决然的区分，中国传统哲学中的一些核心范畴如"心""性"既有感性的内涵，也有知性和理性的内涵。通过天人合一、情境合一、心性合一、知行合一，中国古人体验着自然、社会和人自身的和谐。中国美学的典型范畴"中和"，也是感性和理性，情感、意志与认知的和谐统一："中"为中心、重点、核心，在整体中有统领和全局之用；"和"为阴阳之和、五行之和，包含着差异和矛盾。"中和"这一审美范畴集中反映了中国生活审美的圆融整一性。

---

① 上古时期中原区域水草丰美，人们要在众多种类植物中发现可食之物需要敏锐的观察力和极强的概括力。这种概括力就是一种整体性思维。

与之相反，西方从古希腊的"爱智慧"，到中世纪追寻上帝的博爱，理性主义对人之理性力量过分肯定，直到康德将知、情、意三者区分研究。知是纯粹理性，意是实践理性，情是判断力。美学是研究感性的科学，核心是情感。康德关于判断力的批判引发了人们对美的无功利性、纯形式的强调。这种割裂式的审美和中国传统圆整式的审美判然有别。

三 身心的超越

超越性指人们不满足肉身的感性生存，力图超出感性的有限生命寻求无限的意义和价值。康德说，美是对无限的眺望。人与他种生物的区别之一就在于人不仅是为了满足肉身所需而生活。肉身所需的满足是人生存的前提条件，但人类永恒的主题之一就是追寻生命之意义和价值，追寻无限。中西传统文化均认为"天"是意义和价值之源，在此根源意义上讲，超越界均为外在的、实有的。但东西方对此追寻的路径大相径庭①。西方传统追寻的方式是通过外在的、理性的、求知的方法，而中国传统追寻的方式是内在的、反省的、修行的方法，如儒家的"求诸己""尽其在我""反身而诚"，道家的"自足""返性"，寄世容身、乘物游心，佛教的"依自不依他"等。内在超越是每个人自己的事情，无教会可依托，无教条可遵循，甚至连象征性的仪式也不必须。儒家认为人应"为仁由己""尽心知性""明心见性""深造自得"，"归而求之有余师"；道家要人"心静""步虚"

---

① "超越（transcendere）"一词有："1. 跨越、超升之动作。2. 某种界限。3. 超越界。4. 超越之境。""内在超越""外在超越"是中国学者在对中西文化进行比较时得出的结论。"外在超越"指柏拉图用理性的方式（中世纪时期用神示的方式）来追溯价值之源；"内在超越"指以儒家为代表的中国人通过个体的修养或修持来体验价值之源。这种"内在超越"的个体体验性和审美心胸理论有着相通之处，因而成为中国古代生活美学的心性之基。但是，"超越"一词的文化语境是西方现象界和本体界的二元对立，中国传统文化中现象界和本体界、超越界和现实界是相互交涉、离中有合的。所以用"内在超越"来形容中国文化特性时应非常谨慎。上述内容参阅耿开君《"超越"问题："内在"与"外在"》，《中国哲学史》1998年第1期；余英时《从价值系统看中国文化的意义》，辛华、任菁编《内在超越之路——余英时新儒学论著辑要》，中国广播电视出版社1992年版，第1—58页。

"得意忘言";禅师说"不可说破""自净""自用智慧观照,不假文字",佛家说"担水及砍柴"皆是"神通与妙用""种种营生,无非善法"都在强调个人的修养和修持。儒、道、禅都强调在日常世界和现实生活中寻求心境的超越。这种超越的目标是身心的安顿和深层生命的慰藉,最终的结果是人与世界以本然之态相遇,万物自在呈现,物物皆圆。不依赖上帝的"启示"而要靠"修身""涤除玄览""观复""心斋""坐忘""虚以待物""以无念为宗,无相为体,无住为本"等,通过主体自身内转,让心灵虚空然后参天地化万物,以物言物,"山性即我性,山情即我情",在情感平等的基础上"所以终归之于大涤也"①。"终归大涤"即在审美中完成自我的内在超越而达到与大自然相通的境界,即"纵浪大化中,不喜亦不惧"。禅宗认为,超越性就在当下现实生活和人际交往中,在伦常日用的工商耕稼之中,甚至伦常日用本身就内存有超越性,所谓"即是在初得超越,在人世间获道体"。由于中国的主流文化认为"宇宙本体为乐"(如"生生""天行健"),乐的人生态度和乐的宇宙之本体就相契合而为实质意义上的"天人合一"。朱良志先生说,中国美学是在知识之外、空间之外、时间之外、自身之外、色相世界之外追求美,体现出独特的超越美学的旨趣(参见其《中国美学十五讲》引言)。朱先生虽是针对中国古典艺术的审美特性概括的,但因中国的上层文化和下层文化界限模糊且交流互动频繁通畅,所以上述概述在一定程度上也可适用于整个中国古代生活审美。

祖先拥有超自然的品性,中国古代的祖先崇拜将这种拥有超自然能力的祖先超我并内化为心性。中国古代的伦理层面对道德有着极高的道德标准。经书是中国古代文化的结晶,中国人对读书的尊崇是他们对典籍中极高的道德标准始终怀有崇敬。祖先崇拜和经书崇拜是中国古代文化内在超

---

① (清)石涛:《苦瓜和尚画语录》,沈子丞《历代论画名著汇编》,文物出版社1982年版,第369页。

越性的两个主要原因。

儒家的内在超越可成其"道德宇宙",道家的内在超越可成其艺术天地,佛家的内在超越可称其宗教境界。因中国的儒家、道家、佛家(禅宗)均不脱离于现实的感性的日常生活,所以儒家的生活审美是伦理型的生活美学,其认为人生之美就在于反诸求己,在德性修养人格塑造上达到"天人合德""乐以忘忧"的"天地境界"(见冯友兰《新原人》一书)。由于中国儒家对德性潜能的先行设定是自满自足的,所以有德性的人的生活本身就是完满的而极具审美性的人生美。这足以解释孔子"曲肱而枕"的生活何以是审美的生活。唐君毅先生说:"儒家主张人之为圣为贤之道德修养,不离人之日常之生活,并力求人之礼乐等文化生活,融摄于人之日常生活中。"① 道家认为自然的、自由的、会通物我、忘情融物的生活就是个体本真的、审美的生活。禅宗普愿和尚说"平常心是道",其与"担水砍柴无非妙道"一起将超越界渗透、贯通、落实于日常琐细的现实世界。这种现象界和本体界不隔不碍的琐碎生活既是宗教的生活,也是极具审美意味的生活。需要强调的是,这种种不同样态的生活审美不同于现代社会分化之后的伦理美学、艺术哲学和宗教美学,是处于领域未分化之前现代社会的具有整一性的原生态的生活美学。例如,王羲之的《兰亭集序》记述的是古代文人一次的普通聚会:喝酒、赋诗、赏玩春光之美。但这普通的聚会激起了王羲之对人生兴衰的感叹,对转瞬即逝的欢聚的不舍。日常聚会的欢娱和对人生世事的唏嘘水乳交融,思绪纵横古今,在时光之流中回旋往复,此即中国古代生活审美的内在超越性。楠溪江中游鹤阳村在洪武、永乐年间(1368—1424)有个人叫谢德玹,他在所作《临水书斋》诗中写道:"碧流湛湛涵长天,小斋横枕清堪怜。牙签插架三万轴,灯火照窗二十

---

① 唐君毅:《中国文化之精神价值》,广西师范大学出版社 2005 年版,第 180 页。

年。长日尘埃飞不到,常时风月闲无边。已知圣道犹如此,乐处寻来即自然。"① 书海、风月、碧流共同造就了他悠闲淡泊的生活,这种内在超越性以精微的美感追求"只说家常事"的"生的欢欣的平远"(李泽厚语),不同于外在超越追求的高远和深远。

超越性的突出表现之一是追慕永恒。中国古代生活审美有以下三种方式来追慕永恒。其一,放下心来与万物同在就可获得永恒。《坛经·忏悔品第六》说:"世人性清净,万法从自性生……自性中万法皆现。"心自在、圆满、无待、不执念、和光同尘,便可得其环中。我自在,万物即可自在。渔夫、樵夫、农夫、隐士(山林中的隐士和闹市中的隐士),虽然过着简朴生活,但因其恬静的心境、乐天旷达的胸怀,所以能在心性上超越日常的钓鱼、打柴、耕作、闲谈,达到一种审美活动,这是中国古代生活审美内在超越性的鲜明表现。其二,瞬间即永恒。时光匆匆易将人弃,但古人执着留恋生命中琐细的灿烂,所谓"海枯石烂,桃花依旧"。这种瞬间即永恒、"一即一切、一切即一"的生命智慧也是把握永恒的一种方式。陶渊明"草盛豆苗稀"的田耕生活既整一又超越于"暧暧远人村,依依墟里烟"的乡村田园之景,苏东坡在连续贬谪中依然能煞有介事地创制"东坡肉""东坡帽",张岱虽然才高命蹇,却依然痴情于山水园林,纵性于梨园歌舞。这是他们的日常生活,也是颇具审美意味的活动。上述追求永恒的两种方式均直达个体生命的深层体验,是一种极具个体性的情感体验,有一种内在的自觉自在,因而也是一种审美的生命活动。其三,通过祖先崇拜。祖先崇拜不仅有世俗伦理的意义,而且有形而上的意义,它可使人超出个体的有限生命而同族类的历史相关联,从而形成了一种与宗教文化不同的超越精神。宗教文化指向宇宙主宰乃至彼岸世界的"外在超越",宗法型文化则指向宗族血缘和人类历史文化的"内在超越",所以中国有"太上立德,其

---

① 李秋香、罗德胤等:《浙江民居》,清华大学出版社2010年版,第16页。

次立功,其次立言",有"志士仁人,无求生以害仁,有杀身以成仁"(《论语·卫灵公》),有"人生自古谁无死,留取丹心照汗青"。中国古人在现实的历史时空中获得了超越性的意义空间,将个体生命和族类生命相联系,进入了无限永恒之境。

当然,这种对内在超越性的追慕在现实的日常生活实践中未必天天如是、事事如是,但因整个社会文化心理和价值取向的倡导和标榜,各阶层民众总会或多或少对此超越性存在一种"朝向"和"可能"。在与世界同历史时期的其他民族文化相比较中,更见其浓郁性和典型性。

中国传统文化中内在超越的最终形式为"天人合一"。此处"天人合一"并非指老庄意义上的人逃脱社会、返回自然的无为之态,也非佛教所指的冷漠、宁静、空寂的虚无,而是充满了悲苦、艰难和险阻的,以儒家思想为主,融合了道家和佛家的审美意义上的"天人合一"。"审美的天人合一在'教义'上是庆生、乐生、肯定感性的。它感恩天地,体验人生,回味生活,留恋世界。"① 它"貌似静如处子,出手却可以成为利刃。它无适无莫,保持意向,却不专注于某物,从而可以开启真理,可以成仁取义"②。

为了行文方便,此章分别论述了落实到现实实践中的中国古代生活审美的秩序次第性、伦理道德性、形式礼仪性、切身体验性等特质,但这些特质在生活审美中并非独立存在,而是融渗在每一次具体的审美实践中。虽然在每一次具体的生活审美活动中表现出来的特点有显有隐,但都或多或少地存在着。

第一章重在讨论中国古代生活的审美倾向形成的深层根源,第二章旨在阐述中国古代生活审美实践的民族特性。深层根源重在揭示中国古代文化向审美倾斜的社会文化背景,但也在某种程度上决定着中国古代生活审

---

① 李泽厚:《实践理性和乐感文化》,生活·读书·新知三联书店2009年版,第143页。
② 同上。

美实践的民族特性,这种民族特性又反过来印证着中国古代生活的审美倾向性。二者的相互佐证并非循环论证,而是从不同角度对中国古代生活审美问题的阐释。

审美实践的民族特性最终落实在具体的审美实践中,落实在具体的活生生的人的活动中。我们无法就历史长河中每个个体的生活审美进行考证和描述,这不仅不可能,事实上也没有必要。研究本身需要适当的概括和提炼。既要关注个体的生活审美,又要适当的概括和提炼,社会学阶层论的研究策略就显得极为必要。所以第三章侧重从中国古代各个阶层的审美实践来进一步论述古代中国生活审美的社会形态。

第三章　古代中国生活审美的社会形态

第二章重在阐述中国古代生活审美的民族特性，此章内容重在分析这些特性在不同阶层审美实践中的具体社会形态。虽然部分内容有类似之处但因论述重点和角度不同而有其再次论述的必要性。

中国古代阶层大致可划分为上层贵族、文士阶层、市民阶层、农民阶层①。上层贵族生活审美主要表现为礼仪性，文士阶层的生活审美主要表现为艺术性，市民阶层的生活审美主要表现为物欲性、享乐性，农民阶层的生活审美主要表现为浑朴浓情性。

第一节　礼仪性：上层贵族的生活审美

一　中国历史上的贵族和先秦贵族生活审美礼仪性的原因分析

（一）中国历史上的贵族和先秦贵族

何为贵族？1989年上海辞书出版社出版的《辞海》对贵族的界定是"奴隶社会、封建社会的统治阶级中享有政治、经济特权的阶级"。其实，

---

① 除却贵族，中国古代将社会大致划分为士、农、工、商四个阶层。为论述方便，此处将工商合为市民阶层。明清时期市民阶层政治地位虽依然得不到认可，但由于他们强大的经济实力和官商的勾结，事实上已跃居于农民阶层之上。本书将农民阶层放于市民阶层之后论述真是出于此种思量。

贵族不仅在政治、经济上享有特权，更在文化上享有特权，这种文化上的特权最鲜明的表现是受教育的特权和审美的特权。下文以中国为例分析。

中国古代史上的贵族大致可划分为三个时期：第一个时期是先秦贵族；第二个时期是魏晋六朝贵族；第三个时期是清朝贵族。这三个时期最具代表性的是先秦时期的贵族。

先秦贵族出身多为王族血脉，拥有封地。当然这并不意味着他们就是穷奢极欲、贪婪残暴之辈。相反，这些贵族言行举止恪守周礼，熟练掌握礼乐射御书数之六艺，在国家有难时能勇敢踏入战场奋力厮杀，在外交场合上又可彬彬有礼地引经据典、出口成章，弹琴鼓瑟、下棋跳舞是他们的日常生活方式。在那个时代，他们消耗着社会较多的物质财富，同时掌控着精神文化、社会审美的风尚。

（二）先秦贵族生活审美礼仪性的原因分析

对天神秩序的敬畏是先秦贵族生活审美的深层心理。西周以边陲小国推翻了貌似强大的殷商。但周朝新政权的建立并没有使其建立者和统治者出现趾高气扬的样态，反而是惴惴不安，心怀忧患，无以自安。对天命深深的担忧和怀疑导致他们对天神有着深深的敬畏。徐复观说："周人建立了一个由'敬'所贯注的'敬德''明德'的观念世界，来观察、指导自己的行为，对自己的行为负责。"[1] 这种"敬"使之谨小慎微地过着节制有序的生活，即"有礼"的生活。"礼"性生活的秩序性、等级性使人们的生活各安其分、安稳有序地生存于世，并以此来敬天敬神。这种以"礼"来敬天敬神的思想使先秦贵族的生活有了纵深感和超越性，从而不仅在形式方面具有整齐有序之美感，而且在内容方面具有深邃感。

分封制、世袭制和宗法血缘保障着先秦贵族生活审美的制度保障。周代的分封制是中国历史上诸侯王在领地内权力最大也最为自由的一个时期。

---

[1] 徐复观：《中国人性论史》（先秦篇），上海三联书店2001年版，第21页。

他们拥有经济、政治、文化生活等各方面的特权。宗法血缘和世袭制又有力地保障着分封制度的稳定性。对社会地位、土地、人口的拥有是先秦贵族得以礼仪生活的政治经济保障，这种礼仪生活审美反过来又进一步巩固着这种政治制度。

贵族教育使先秦贵族有能力进行生活审美。先秦贵族教育分为小学和大学。教学内容为"六艺"，即"五礼""六乐""五射""五御（驭）""六书""九数"。这些教学内容不仅注重贵族子弟对思想文化的吸收，而且特别注重言行举止、容色声气的身体行为。这些教育本身也有助于提高和丰富他们的美感能力，并激发他们对各种技艺的兴趣。所以，赵襄王热衷于驾车的竞技比赛，齐威王喜爱弹琴。上行下效，上层贵族和士大夫阶层也有意学习"艺术"（古代技艺不分、未分化地融于生活的艺术）来提升生存境遇。从美学视角看，这种教育是极为艺术化、审美化的一种教育方式，即我们今天的美育。

先秦贵族日常生活行为的礼仪性有着丰厚的社会功用和恭敬的情感心理，因而区别于侧重外在言行、缺乏内在真诚情感以商业金钱为目的的现代职业培训的礼仪性，前者属于生活审美，后者恰恰不属于生活审美。

二 先秦贵族日常行为的礼仪性

周代贵族一生要经历无数的礼仪，从出生到丧葬，从成年冠礼到成家昏（婚）礼，从乡射之礼到朝聘之礼。社会心理学上有"答布效应"。"答布"指人类社会初期的生活规范，泛指人类社会中的各种规则法度。"答布效应"指规则法度的长期践行会使其自身成为人们行为的"导演"，遵守这些规则法度的人则变成了这些规则法度的"角色"。"礼"即周代贵族的"答布"，周代贵族生活的礼仪化即"礼"（答布）对周代贵族（角色）的"答布效应"。"礼"可以培养一定的作战能力（如"射礼"），可以协调人际关系，长期的"礼"的浸淫使"礼"对个体成员有极大的强制力和束缚力。这种强制力和束缚力以超人的类神性威慑且塑造着贵族们的内在心性,它不进入认识领域而直接诉诸情感和意志,个体经常会无意识地、绝对地、无条件地、全身心地对此服从和感应。"礼"在操演练习中具有严格的、历史悠久的规则和形式,这些规则和形式使其对心理结构的塑造和规范力量远远超过了现代的法律和道德。

"礼"之行为规范表现为"仪"。"仪"是周人出现频率极高的一个词:"其仪一兮""乐且有仪""九十其仪""维其令仪""莫不令仪"……威仪、令仪、礼仪等是先秦周贵族日常生活的方式。与古代欧洲社会依法而治的传统不同,礼仪使中国古代生活诗意化、艺术化了。徐复观说:"礼的最基本意义,可以说是人类行为的艺术化、规范化的统一物。"① 礼是举止文雅而崇高的艺术,礼可以使人的情感文雅化、纯净化。周王朝以礼治国倡导礼制,不仅在王朝主办的大学、小学教授贵族子弟学习诗书礼乐射御等内容,还定期举办各类准艺术活动(如乐舞、赋诗等),以便贵族子弟将所学之礼充分践行。王朝的倡导使得"礼"不仅成为国家制度,更成为周贵族身份的象征。和礼相关的各种明确而细致的形象化描述使得周贵族不仅在学校和准艺术活动中,而且在日常生活中自觉践履着礼。这些日常的礼的践履因着仪式性带来的间离感和超越性更增添和彰显着其内摄的艺术性和审美性。

例如日常洗浴:

> 日五盥,沐稷而靧粱,栉用樿栉,发晞用象栉,进禨进羞,工乃升歌。浴用二巾,上绤下绤。出杅,履蒯席,连用汤,履蒲席,衣布晞身,乃屦,进饮。②

---

① 徐复观:《中国艺术精神》,广西师范大学出版社2007年版,第3页。
② 王文锦:《礼记译解》(上),中华书局2001年版,第405页。

贵族每天要洗五次手，用穈子米的汤汁洗头，用黄粱米的汤汁洗脸。洗头后湿发用白理木梳梳理，干发则用象牙梳。然后设菜进酒，乐工上堂奏乐，边听歌乐边进餐。洗浴时，用细葛布擦洗上身，用粗葛布擦洗下身。浴盆搓洗完毕后先站在蒯草席上搓洗脚垢，再用水冲洗全身，然后站在蒲草席上擦净水渍。穿好浴衣和鞋袜后饮酒听乐。依循规则流程的洗浴行为自然而流畅，专注的心神、虔敬的态度，使得这一日常活动带有了审美的意味。

即使穿鞋袜这样的小事，也从容典雅、中和合度而带有身体行为艺术性。《玉藻》记载贵族穿袜应"退则坐取屦，隐辟而后屦，坐左纳右，坐右纳左"①。退堂后先跪坐取鞋，然后退避到无人的地方跪坐着穿鞋袜，跪左腿穿右鞋，跪右腿穿左鞋。肢体动作的协调、从容，虔敬的形态正是身体行为艺术的重要表征。

上述二例均表明先秦贵族在日常生活琐事中，事事都程序化、形式化了。程序化、形式化的言行带有仪式化的美感。这种仪式化的美感虽源于形式美，但其根源在君子做事时的从容、恬淡、沉稳、专注、恭敬等内心情感及相关的社会实用内容，所以属于现实生活审美的审美形态。

饮食之礼是贵族礼仪之美的一个重要方面。为了感谢上天和先祖的恩赐，周贵族每进食必祭祀。《礼记·玉藻》载天子"朝服以食，特牲，三俎，祭肺，夕深衣，祭牢肉"②"客祭，主人辞曰：'不足祭也。'"③ 孔子也说"虽疏食菜羹，必祭……"祭祀本是美之本源说之一，餐前祭祀之礼可使进餐者收敛神智，专心餐饮。进餐前有祭祀礼，进餐时要"以乐侑食"。《礼记·王制》载："天子食，日举以乐。"歌乐具有极强的营造审美氛围的能力，在歌乐营造的温馨舒适优美和雅的氛围中进食使进餐者心神愉悦利

---

① 王文锦：《礼记译解》（上），中华书局2001年版，第409页。
② 同上书，第402页。
③ 同上书，第426页。

于身体健康。歌乐是"用餐"这一生存行为整体中不可剥离的一部分,歌乐的审美性依附于进餐这一行为活动中,这是典型的生活审美。进餐的方式也特别:"食枣、桃、李,弗致于核。瓜祭上环,食中,弃所操。凡食果者后君子,火孰者先君子。"① 贵族吃枣子、桃子、李子时,不能啃尽果肉,露出果核;吃瓜时要用上段祭,吃中段,不能吃手握着的部分;吃干鲜果品,需让尊者先吃;用火烧烤的食物,要自己先尝好,再让尊者吃。整个饮食过程充满了悠闲、谦和、典雅的审美情调。不同于一般意义上的填补空胃的生理性补充,是一种悠然从容的生活审美活动。《小雅·宾之初筵》载宾客作揖参拜上席就座,席上陈列美酒佳肴,宾客一边品尝甘美的食物,一边享受着悦耳的钟鼓之乐,人们相互敬酒献酬,拉弓射箭以佐餐饮,其乐融融。钟鼓之乐、拉弓射箭均因附着于愉悦进餐之实用目的而无法剥离,这就是生活审美的审美形态。

进餐如是,行走亦如是。贵族行走需中节合奏。《礼记·玉藻》载:

> 古之君子必佩玉,右徵、角,左宫、羽,趋以采齐,行以肆夏,周还中规,折还中矩,进则揖之,退则扬之,然后玉锵鸣也。故君子在车则闻鸾和之声,行则鸣佩玉,是以非辟之心无自入也。②

玉象征君子坚定、纯净、温润的品德,古时贵族要随身佩玉。贵族佩玉行走,玉佩随之发出优美的乐音,右边玉佩发出徵声、角声,左边玉佩发出宫声、羽声。贵族速行,玉佩之音与《采齐》之调相似;贵族慢行,玉佩发出之音与《肆夏》之调相似。贵族返转回身时,需走出弧线;拐弯时,应走成直角。走路时身体微屈如作揖,后退时身体后仰,玉佩之声相随。乘车时听着警铃与和铃的呼应,行走时听到玉佩的锵鸣。玉音清和纯

---

① 王文锦:《礼记译解》(上),中华书局2001年版,第427页。
② 同上书,第423页。

正，君子亦无邪思恶念。

此外，日常行走时步履要稳重，手臂挥动要合度，目光不能斜视；如若说话，声音要沉静；如不说话，则应嘴唇紧闭，头颈挺直，神色端庄，即"足容重，手容恭，目容端，口容止，声容静，头容直，气容肃……"①（《礼记·玉藻》）这是种舞蹈化、音乐化、表演化的日常行走步伐。这种行走之规范有种仪式化的美感，是一种身行之舞，非常类似现代的行为艺术。在平日，贵族在路上行走时步态要直且快；在宗庙里步态要庄重虔诚；如果手执神圭、玉器，走路时则要更加谨慎小心。去见天子，仪式更为周密。《礼记·玉藻》篇载周代大夫去朝君前一天要斋戒，以静心养性；要"既服，习容观玉声"②，意即出发前要穿好朝服，检查自己的仪容和举止是否得当，来回走动听佩玉所发之声是否与步伐协调。无论何时何地，贵族行走均须有风度之美（见图3-1）。

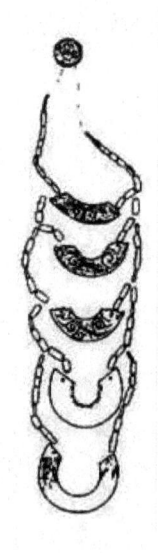

图3-1　西周时期贵族衣物上的玉佩

---

① 王文锦：《礼记译解》（上），中华书局2001年版，第433页。
② 同上书，第406页。

进餐、行走循礼如斯,日常游戏也循礼如斯。周王朝贵族宴饮时,经常进行"投壶"游戏。《礼记·投壶》中载,主人邀请宾客投壶,宾客需谦让辞谢;主人再三恳请,宾客则需恭敬从命,起身拜礼受矢。宾客和主人说"避",回归原位。助手设好席位,司射测量后将壶放在恰当位置上,摆放好盛放算的"中"(用来计算投中数目),然后手持"算"站立一旁,向在场人宣布投壶规则:其一,矢头投进壶中才计数;其二,宾和主需交替投矢;其三,结束时,胜利的一方要敬请失败的一方喝酒;其四,失败的一方要把自己所得的筹码合并到胜利的一方,如果胜利的一方得到了三个筹码,大家就要喝酒为其庆贺;其五,在场人均不得背对着堂站立,不能大声喊叫,否则要喝罚酒。规则宣布完后,司射示意乐工奏响《狸首》之乐,投矢比赛开始。在乐声和鼓声的节奏中,宾客上堂投壶,投中一次就在"中"里放一支。投射结束后,司射宣布胜负数字。然后,胜方的子弟要为败方的子弟斟酒,谦和地请其喝酒。胜利者为失败者斟酒敬酒,不仅体现着胜利者的谦逊持和,更体现着对失败者的尊严的维护,有利于人际的和谐。合并筹码后,大家再次举杯为胜方庆贺,更是人文和美其乐融融的生活审美。这样一个日常的游戏,宾客之间斯文典雅,进退有度,一言一行皆有种形式化的美感,非常类似现代意义上的行为艺术和行为美学(见图3-2)。

图3-2 投壶,由射礼转变而来的游戏,从上层贵族流传到民间,直到明清时期依然盛行

礼仪之美不仅在日常衣食住行中，即使在关乎生死的激烈战争中，礼仪也是必须践行的规则法度。遵循礼仪作战的贵族，风度高雅，令人赞叹。作战贵族站在战车上，一手执辔一手持戈。准备就绪后，陈述交战之由，约定交战时日，再击鼓进军。一辆一辆的马车顺序驶过来，一对一手持武器交锋。四五个回合之后，战争结束。这种交战有着齐整有序、庄严肃穆的仪式之美，完全不同于后世战争中的混乱和残暴。交战过程中有诸多礼仪要遵守：其一，"不鼓不成列"，不击鼓不能进军，否则会被认为是小人之行。其二，"不重伤"。不能重伤敌手两次，否则会被认为是不义之人。其三，"不擒二毛"，即头发斑白者不能擒拿，即使打败了也必须让其回家养老。其四，"不逐北"。追逐败兵只能追五十步，不能赶尽杀绝。这些礼义的遵守，充分体现了古人对战争的理解：战争不是为了消灭敌对方的军事力量而滥杀无辜，他们仅仅是点到为止，证明我方力量强大即可收兵罢战。这种具有人性化的战争，颇有真正意义上的人类的尊贵华美、雍容大度的审美意蕴。

例如，鲁成公十六年（前575）五月底六月初，晋楚两国在鄢陵（今属河南）开展。在战斗中：

> 郤至三遇楚子之卒，见楚子，必下，免胄而趋风。楚子使工尹襄问之以弓，曰："方事之殷也，有韎韦之跗注，君子也。识见不谷而趋，无乃伤乎？"郤至见客，免胄承命，曰："君之外臣至，从寡君之戎事，以君之灵，间蒙甲胄，不敢拜命，敢告不宁君命之辱，为事之故，敢肃使者。"三肃使者而退。（《左传·成公十六年》）

在战事激烈之际依然不忘人道关怀和行为礼仪，可见古人礼仪之美已渗透在个体的心性层面而成为一种潜意识。这种潜意识的礼仪心性漫溢于个体的一言一行之中，从而使人体言行充溢着美的光泽和意蕴，非常类似于现代意义上的行为艺术。

三 燕礼、冠礼：先秦贵族生活审美礼仪性的典范事例

"礼仪"的审美性突出表现在仪式化（形式化）的言行举止中，每个受过传统习俗教育的人，都会合宜虔敬地参加古老的仪式典礼，根据其身份习尚优雅而庄重地展示自己的身形姿态和举止动作。现举两例予以说明。

例一，燕礼。"燕"通"宴"，燕礼是诸侯贵族在闲暇之余为融洽上下情感而举行的宴饮。在宴饮中，国君、卿、大夫、士、宾、主按其身份各居其位。入座后，需经"一献、一酢、一酬"的主宾献酬礼。而后，要进行"献君，君举旅行酬；而后献卿，卿举旅行酬；而后献大夫，大夫举旅行酬；而后献士，士举旅行酬；而后献庶子"的"四举旅酬"。在此过程中，有不同的音乐伴奏：首先，堂上的乐工在瑟的伴奏下歌唱《鹿鸣》《四牡》《皇皇者华》等曲。其次，吹笙者站在钟、磬中间吹奏《南陔》《白华》《华黍》等曲。再次，堂上堂下交替演奏乐曲：堂上鼓瑟《鱼丽》，堂下笙奏《由庚》；堂上鼓瑟《南有嘉鱼》，堂下笙奏《崇丘》；堂上鼓瑟《南山有台》，堂下笙奏《由仪》。最后，奏地方乐曲《关雎》《卷耳》《鹊巢》《采蘩》等。其间又经常会用射箭来娱乐宾客。宴饮伴随着程式化、节奏化的入席、作揖、洗手、举爵、听乐、射箭等活动，不仅仅是喝酒吃饭，更重要的是在文质彬彬的举手投足间切身体验德性生活的典雅，在文雅的诗歌、华美的音乐中品尝喷香的狗肉、甘醇的美酒，在"礼无不答"的礼尚往来中体会"和宁"之道。这端庄有序、进退和谐的宴饮是一种极具审美意味的生活。程式化的礼制冗长而烦琐，但正是这程式化的礼制使宴饮具有了一种仪式化、形式化的美感，繁复的礼仪提升了日常聚餐，而使它成了一次庄严肃穆、井然有序的审美活动。

例二，冠礼。冠礼源于原始氏族公社时期的入社礼（成丁礼），意即

成年男子从此开始正式成为一名合格的公社成员，享有相应的权利并履行相应的义务。在周代，冠是贵族身份地位的标志，贵族男子在20岁时其父要在宗庙为其举行冠礼，以示其成人。《礼记·冠义》载："冠者礼之始也。"冠礼是孩童成人真正践履华夏礼仪的开始，因而为"人伦所重者也"（《礼仪纲目》），加冠前先要慎重筮日筮宾（通过占卜决定时日和选择实施加冠之人），经过"三加"完成。初加缁布，象征男子可以涉入治之事，拥有人治权（缁布冠为太古之制，冠礼首加缁布，有追本溯源、不忘本初之意）；再加皮弁，象征男子可介入兵事，拥有兵权（加皮弁同时配剑）；三加爵弁，拥有祭祀权，祭祀权是周代贵族社会地位的鲜明标志。在加冠之日，无论主人，还是宾者、摈者、赞者都要身着玄端以示郑重，主人还要准备蓍草、蓍筒、蒲席、卜具、勺、觯、匙、篚、匴、甒、鼎、豆、笾、爵等物以助礼成。在冠礼实践过程中，从所有参与人员的服饰穿着、行为言语到所用器物的数量大小、摆放次序都有着审美的礼仪性。礼仪践行形成的秩序感和肃穆感强化着受冠者成人的心理意识和情感认同，实用性和审美性交融唯一，事实上成了一次现实的生活审美活动。

  古代社会各社会活动都交融在一起，未作专业化区分，对上层贵族而言政治生活即日常生活，所以论述上层贵族的生活审美理应兼及他们的政治活动。上层贵族的政治活动也极具礼仪之美，这表现在两点：其一，乐舞是政治活动中不可或缺的重要组成，如"季札观乐""穆叔赏乐"等；其二，政治活动经常用"赋诗"的方式进行，鲁昭公十六年（前526），郑国六卿在郊外赋诗饯行韩宣子就是著名例子。《左传》中记载外交来往中赋诗活动70多次，可见赋诗在外交活动中使用频繁，甚为寻常。乐舞和赋诗作为贵族政治活动审美性的重要特征，前人已多有论述，此处略过。

四 "诗""乐"与先秦贵族生活审美的礼仪性

中华民族被称为"诗性民族",中国文化被称为"诗性文化"①。"诗"和中国各种艺术形式都有着千丝万缕的联系:汉代"乐府""宋词""元曲"均可说是"诗"的某种变形,小说中有"有诗为证",绘画要题诗,还要"画中有诗",书法也要写诗,建筑上也经常题诗。自隋唐开始的科举制度将写诗和作文看作一个国家官吏必须具备的素质,进一步推动了人们对诗文的重视和学习:"诗"在整个中国艺术中占据着很特殊的地位。

周代特别重视言语,认为"言是身之文""不学诗,无以言",言语是一个人身份和形象的有机组成部分,贵族应"出言有章",言语应有"穆穆皇皇"之美。由于言说的重要性,所以周代贵族社交语言极为讲究修辞和审美性。马克思和恩格斯说:"资产者可以毫不费力地根据自己的语言证明重商主义和个人的或者甚至全人类的关系是等同的,因为这种语言是资产阶级的产物。"② 不仅有"资产者的语言",还有"贵族的语言"。拉法格说:"贵族……的专用语言,正和他们举止的彬彬有礼,他们的仪节的等级分明,甚至他们入席和饮食的样子一般,像一道壁垒似地屹立在他们周围,使他们和别的阶级隔离。"③ 周代的贵族语言和法国的贵族语言相似,追求一种"雅言",优雅的语言是贵族身份的标志。这种优雅的语言讲究修辞性和审美性,具有代表性的便是"赋诗"传统。

周初有"采诗"制度,统治者通过采集诗歌以观风俗。有些贵族为了

---

① 参阅陈炎《中国"诗性文化"的五大特征》,陈炎主编《文明与文化》,山东大学出版社2006年版,第171—181页。
② 《马克思恩格斯全集》(第3卷),人民出版社1979年版,第255页。
③ [法]保尔·拉法格:《革命前后的法国语言》,罗大冈译,商务印书馆1964年版,第10页。

上达民情便有意识地利用"采诗"制度来"赋诗言志""以诗干政",逐渐发展为"以诗代言"。诗歌曲折、含蓄、模糊的表达方式在大多数情况下符合"礼"之内质,其具有的强烈审美感染力使以诗言说的方式被广泛推行。在政治活动中通过赋诗来妥善化解诸侯纠纷已为许多学者所阐释,此不赘述。仅举日常活动中几则"以诗言说"实例予以说明。

其一,齐景公要建造一所长房。有一天齐景公让晏子陪他去视察工程进展情况,恰遇风雨侵袭,便一起躲入堂内饮酒奏乐。高兴之余,晏子唱道"禾有穗兮不得获,秋风至兮殚零落,风雨之拂杀也,太上之靡弊也""歌终,顾而流涕,张躬而舞"(《晏子春秋·内篇谏下》)。齐景公听罢便结束了酒乐,下令停工,这所长房再也没能盖成。

其二,晋文公重耳流亡秦国时,秦缪(穆)公以宗女五人为重耳之妻。重耳接受后穆公大喜,设宴款待重耳。跟随重耳流亡的赵衰吟唱了《黍苗》,其有诗句为:"我行即集,盍云归哉?"秦穆公听完之后说:"我已经明白先生想要返国的心思了。"

其三,鲁国公之父文伯之母想要给文伯娶亲,便宴请了家族中主管礼乐的家臣,在宴席上吟诵了《绿衣》中的诗文"绿兮丝兮,女所治兮。我思古人,俾无尤兮"。家臣便明白了她的意思,遂请占卜者问询了女方家的情况。

类似的例子在《左传》和《国语》中出现频率很高,说明当时"赋诗"之风的兴盛。"赋诗"有实用性和功利性,但诗歌作为艺术本身具有强烈的情感抒发特性,又可形成较强的审美意象,创造独有的审美氛围,因而大大增强了言说的审美性。

"乐"关涉人的欢乐情态,并非仅仅指今天的音乐。郭沫若说中国旧时的"乐"包括音乐、诗歌、舞蹈三位一体的艺术,也包括绘画、雕刻、建筑等造型艺术,甚至连仪仗、畋猎、肴馔等凡是能使人感官快乐身心欢愉的东西都可以泛称"乐"。许慎对之的解释是"五声八音总名,象鼓鞞"。

鼓作为最早的一种乐器，以其节奏鲜明而备受先民青睐①。在先秦时期，乐有着极强的政治性、道德性和等级性，这促进了理性维度的研究。同时，乐也有着不容忽视的肉体欲望的感性维度，如先秦郑卫之音。理性维度和感性维度前人已多有论述，此处略过。此外，较少受到关注的还有一个维度即乐作为艺术之本性具有的情感性和审美性。《礼记·乐记》载："夫乐者乐也，人情之所不免也""情动于中，而形于声。"

《周礼·大司乐》记载西周贵族子弟自13岁开始接受音乐教育，教育的核心是乐德，即"中、和、祗、庸、孝、友"等观念，对音乐的界定是泛政治化和泛道德化的。这种泛政治化和泛道德化在个体进行音乐欣赏时会有先入为主的模式化和死板化的弊病，即使如此也无法完全消除个体欣赏时原初的真切性和体验的鲜活感。音乐欣赏的认知模式性、程式性和直觉性、个体性在每次音乐的欣赏过程中会有摩荡相生，携手或激荡，从感性到理性、理性再到感性，内容到形式、形式再到内容，直观物象到深度意蕴、深度意蕴再到直观意蕴等多层次多样式的独特的个体体验。乐的伦理性、政治性和乐的情感性、欲望性一并构筑了乐的厚积之功，以将听者送上了"蔑加于此"的审美高峰。

西周时期，无论是使者往来，还是宾朋相会、比武游乐，都可听闻琴瑟歌舞之声。礼制规定"君无故玉不去身，大夫无故不彻县，士无故不彻琴瑟"（《礼记·曲礼下》），即指君王要时刻佩戴玉，大夫不能轻易撤掉悬（悬挂的钟磬之乐），士子不得随意撤掉琴瑟。"国之大者，在祭与戎"，射礼兼有"祭祀"和"战争"双重含义，因此是贵族极为重要的日常活动。国君射礼时要和着《驺虞》之乐的节奏进行，诸侯射礼时要和着《狸首》之乐的节奏进行，卿大夫射礼时要和着《采蘋》之乐进行，士射礼时要和

---

① 饶宗颐据相关考古资料考证得出，作为乐器"鼓的产生最早"。人类对鼓这种打击乐的喜爱和雷声相关。参见饶宗颐《饶宗颐史学论著选》，上海古籍出版社1993年版，第86页。

着《采蘩》之乐的节奏进行（见图3-3）。不仅如此，"礼非乐不履"，礼的践行要在乐的氛围中进行。国君一日三餐，每次进餐也要"以乐侑食"（《周礼》载"五日一举"），贵族早餐也要以乐助食。以往学者侧重以此研究乐的等级性和教化性。但这种种乐之演奏以其中道立场传达着乐的庄严肃穆，并进而向神性崇高的方向逼近。

图3-3 器礼上的射礼

第二节 艺术性：文士阶层的生活审美

一 "士"阶层的形成及特点

（一）"士"阶层的形成

西周后期，贵族阶层中大批有贵族修养却未能进入国家管理阶层的中小贵族沦落为"士"。"士"大多受过贵族教育，拥有诗歌、乐舞、射箭、政治等各方面才能，但由于一夫多妻制和嫡长子继承制，众多贵族子弟无合法渠道参与国家管理，遂不得不依赖自己的学识和技能处世谋生。这些贵族的最低层就是"士"。此为"士"第一个来源。春秋战国时期社会动乱使王官之学变为诸子百家，私人教育的开展让底层的部分民众获得了受教育的机会。这部分受过教育的下层民众在技艺、诗词、音乐、政治等方面也独有造诣，可与贵族相媲美，因而也逐渐上迁到贵族底层。此为"士"第二个来源。贵族分子下降为士，庶民阶层大量上升为士，"士"这一阶层人数渐多。这些人有学问有技能而又无恩主，从传统文化系统和社会系统中分离使他们具有一定的独立性，他们成了新文化的创建者和传承者，其最突出的特点是"以道自任"。孔子曰：

> 笃信善学，守死善道。危邦不入，乱邦不居。天下有道则见，无道则隐。邦有道，贫且贱焉，耻也；邦无道，富且贵焉，耻也。（《论语·泰伯》）
>
> 士志于道，而耻恶衣恶食者，未足与议也。（《论语·里仁》）
>
> 君子谋道不谋食。耕也，馁在其中矣；学也；禄在其中矣。君子忧道不忧贫。（《论语·卫灵公》）
>
> 士不可以不弘毅，任重而道远。仁以为己任，不亦重乎？死而后已，不亦远乎？（《论语·泰伯》）

孔子认为"士"应能超越个体和群体的利害得失，应对整个社会予以深厚关怀。这一点为后来的孟子继承并发扬光大而形成了强大的传统，以至于后世的士子无论能否做到均要自觉或不自觉以道为重。因中国诸子百家源出于王官之学，所以有浓重的历史意识；又因春秋战国时期社会的动荡局势，所以士奉行的"道"要迫切关注现实问题，因而具有强烈的人间俗世性[①]。稷

---

① 参阅余英时《士与中国文化》"第一章 古代知识阶层的兴起与发展"，上海人民出版社1987年版。

下学宫更是确立了士与帝亦师亦友的关系。虽则昙花一现，但直接成为后世士子"为帝王师"的目标理想。

（二）"士"之为"士"

以道自任、以道自重是中国士之为士的根本所在。这成就了中国传统知识分子的批判性和超越性。但中国古代强大的"政统"又时时制约着"道统"。从秦始皇的焚书坑儒，到东汉时期的党锢之祸，到明清之际东林党人的遭遇，"政统"以压倒之势摧残着"道统"。与此同时，统治者又利用科举制度将士子大规模吸纳政治领域中。士也只能通过科举服务于封建政治。这单一的、官本位的选择和出路使得士实现"道"的路途极为艰难。不参加科举，不做官，安于贫贱，则无以获得社会的尊重和认可，"任道"之责也全无实现之可能。因而士所任之"道"常处于如履薄冰之状态。这直接造成了士之人格在某种程度上的分裂，这种分裂致使他们在历史责任感、体制批判意识、公共事务关怀之情的践行时经常以谨小慎微、战战兢兢的方式进行。生存之本能，也为了实现"道"之理想抱负，在参政的同时有意或无意地疏离着政治，所谓"贫贱常思富贵，富贵必履机危"（《晋书·诸葛长民传》）。在此窘迫的生存状态中他们或借助生活审美，或借助道家、释家，来遮掩、替代、化解理想抱负实现之无望和艰难。所以，中国士的日常生活在"政统"的笼罩下略显沉重，但"道统"的超越性又提升着他们的日常生活而将之艺术化、审美化了。

与西方古代的知识分子进行比较更能突出中国士的这一特点。西方古代的知识分子主要有两类：一是古希腊哲学家；二是中世纪教会及其后逐渐独立出来的大学培育的传教士或知识分子。古希腊的思想家多为城邦公民，他们不用为衣食花费心力，因为有大批的奴隶供养他们。中世纪的传教士和知识分子的生存条件也较为宽松。因为国王、大贵族、城市、主教、教宗都是各自独立的政治力量，所以教会和大学培养出来的传教士和知识分子可从事主教、修院院长、法官、律师、医生、大学教授等多种职业，而且做律师、教师、医生不仅可以独立于官府，还可获得尊重。中国"士"的境遇窘迫在此对照中更为鲜明。但是生存的逼仄并不能消减"士"作为知识传承者的担当。余英时说古希腊哲学家凭理性认识自然世界和人类世界，基督教传教士持信仰来拯救人类。中国"士"则不仅"道问学"还"尊德性"①。政治权势强大，生存状态艰辛，却担当着"道"和"德"双重责任，中国"士"之坚毅、果敢可见一斑。鲁迅先生说他们是中国的脊梁，然也。

博学广识是士的第二个特点。勤学苦读、广闻博记是士参与社会生活的资本，为此他们凿壁偷光，悬梁刺股，而像囊萤映雪、负薪挂角等昼夜不息苦读诗书的故事也在士子们中间广泛流传并成为效仿的榜样。博学广识直接目的为外在的功名利禄，但在客观上又有深层效应：提高人生境界，远离粗俗鄙陋而走向高雅优美。宽广丰富的知识结构带给他们包举天下的心胸、自主存疑看待事物的独立意识、高蹈超拔的人生态度。所以，渊博的学识遂为士阶层的标识。当然，知识分子必须具有一定的学识这是世界各个国家各个时代对这一阶层最基本的要求。但中国士其学识见闻主要在（从现代学科划分标准）文、史、哲等人文科学领域而非数、理、化等自然科学领域。人文科学领域内的知识关注人自身，关注人精神、心灵方面的成长，而少关注物质方面的满足，因此中国士之博学广识以人文科学领域为主，这是中国士的第二个特点。

之所以展开论述中国士的特点是为了论述士阶层艺术化生活审美的原因。

---

① 余英时：《我是一个历史研究者，我不认同现代新儒家》，微信公众号"墨香学术"，2016年12月12日。

二 "士"艺术化生活之原因

"士"艺术化生活的原因有以下四点。

士以道自任,但"道统"在具体的实践中呈现为不同的样态。儒家自有"达则兼济天下、穷则独善其身"之进退之道。汉晋之际士大夫阶层逐渐形成,君臣伦理日渐受到摧残,终至萎靡不振,家族伦理却始终以"异化"的样态存在并渐显其原生态之亲情。"礼"之不行反而使"人之情"(非"仁之情")借助道家之"自然"畅行其道,士以天下为己任之"道统"也逐渐为保家全身之意识所湮没[1],家族(士大夫阶层)[2]和士大夫个体存在的自觉遂成为其思考重点。社会国家责任的消解反而在某种程度上成就了"士"艺术化的生活[3]。此为士之艺术化生活的原因之一。

赖德菲尔特认为大传统属于"深思的少数人",小传统属于"不思的多数人"。他认为中国是一个"复合的农村社会"(compound peasant society),由士人与农夫组成,大传统和小传统彼此沟通而形成其独特的社会文化结构[4]。的确,士人和农人是相互流通的,"耕读传家""半耕半读""朝为田舍郎,暮登天子堂"虽是民谚,却是真切的社会现实。梁漱溟先生说"在中国耕与读之两事,士与农之二种人,其间气脉浑然,相通而不隔"[5]。这种士人与农人亲密的关系使士人在无法"任道"时便退守农田,在农业生

---

[1] 参阅余英时《士与中国文化》"第七章 名教思想与魏晋士风的演变",上海人民出版社1987年版。

[2] 此处"家族"之概念是特指士大夫阶层。东汉光武帝以士族大姓为其社会基础。因举荐制度之故,强宗大姓使子弟读书转变为士族,士人在政治上得势后转而扩张家族(包括门生故吏)财势。士大夫阶层自觉形成。在君臣伦理衰微之际,士子秉承的"道统"遂转型为家族之兴和个体之畅达。

[3] 史华兹认为,中国士文化有"阿波罗"式的礼仪精神。参阅[美]本杰明·史华兹《古代中国的思想世界》,程钢译,江苏人民出版社2008年版,第49页。

[4] 参阅 Robert Redfield, *Peasant Society and Culture*, Chicago: University of Chicago Press 1959, pp. 40–58。

[5] 钱穆:《中国文化史导论》,商务印书馆2015年版,第94页。

产中调和精神之苦闷。更有士人始终和田园自然保持着贴近的心灵，他们或漫游山林，或在庭院中修筑园林，从山云园林中体悟自然生机，实现生命超越，过着艺术化的生活。这是士之艺术化生活的原因之二。

士通过科举可以进入官僚体系。中国科举考试制度的目的是选拔有德性和通才的君子。君子之养成重在日习经典，对经典娴熟者才有资格进入国家考试系统参试。经典的研习侧重文、史、哲方面的内容，此类典籍侧重探讨人性、人情等真、善、美的内容，这使士不自觉地对个体物态自身和日常衣食萌生一定程度的不屑之态，诚如欧阳修在《富贵贫贱论》中所言"君子莫不安于贫贱"；或逐渐忘记"内圣外王"之道，而把研读经典当作目的本身；即使做官，也不以官衙为安身立命之所。研读经典可使士产生浓厚的时间意识，士子会自觉或不自觉对经典描述的远古时期产生一种敬慕情怀，时间意识和敬慕情怀使士更容易在精神心理上跃出当下，到达超越之境。但中国此世文化之品性又将其超越性向现实时空拉回，在现实中超越则成为其"中和"之态，此为士之艺术化生活形成的原因之三。

中国古代最高的统治者为皇帝。各朝各代都或多或少出现了一些艺术修养较高的皇帝，如汉武帝、曹操、唐太宗、宋太宗、宋真宗、宋仁宗、宋徽宗、明熹宗、清高宗等。这些帝王或钟情于乐舞，或热衷于诗词文赋创作，或迷恋于笔墨书法，或娴熟于丹青绘画，或执迷于工匠技艺……在君权至上的社会君王的言行好恶对社会的影响极大，所谓"楚王好细腰而国中多饿人"。各个朝代君王自身对艺术的热爱和痴迷无意中引领着以士人为代表的社会审美，这些拥有较高技艺才能的君王和痴情书画音律等艺术化的士人共同引领着一个时代的社会审美风尚。此为士之艺术化生活形成的原因之四。

上述四个原因的合力促成了中国"士"独特的艺术化、审美化的生活。下文将论述士阶层艺术化生活的具体实践。

三 "士"之艺术化生活

中国的重身、养生文化使人们推崇长寿、享乐的生活。享乐从感官的愉悦开始。由于五感对声乐色食接受的有限性，出现了层出不穷的享乐伤身的事件（见前文分析）。这些事件使得中国的现实享乐活动发生了两方面分化：其一，审美和伦理德性相结合，生活审美伦理化；其二，感官消遣向上提升到心性方面，现实生活艺术化。第一方面前文已有论述，此节重点论述第二方面。第二方面集中表现在士大夫文人阶层。

文人士大夫重视身心修养，并将身心修养作为毕生的向往和追求。这种身心修养在日常表现为一种艺术化的生活态度。这种艺术化的生活不同于游戏人生者的生活。游戏人生者将生活视为一出戏，采取戏耍的态度对待生活，带有轻率、不屑、玩世不恭的心态，言行中侧重"游戏"之形式而无自由之内质。士人之艺术化的生活与之不同。他们对生活和人生有着执着而深沉的爱恋，情感浓郁而炙热，态度认真而坚韧。他们酷爱博大而多彩的生活，他们渴望在厚实和宽大的生活中自在自主地生活。这种对生活的认真、诚恳、爱恋和执着使他们在生活中自由挥洒生命，又时刻谨守着自然社会人生之法度。主观之情与客观之度在他们的日常践履中相融为一，因之时而会有类似"庖丁解牛"式日常活动。这样的日常践行在实质上正好切合了马克思所说的自然规律和社会规律的统一，因而是一种颇具审美意味的生活。一些文人士大夫即使在实践中不能经常性地过着艺术化、审美化的生活，但因他们普遍性的超然心态和追求自由的心性也时常会将其世俗生活向上提升，从而赋予日常践行一定的审美意蕴。例如浙江永嘉县楠溪江中游豫章村在洪武、永乐年间有一位名叫胡宗韫的中书舍人，当其归田还家时，同僚赠诗送行：

诛茆今日野，把钓旧时溪。晒药晴檐短，安书夜榻低。（陈斌）

烟霞三亩宅,霜露百年心。黄菊陶潜兴,清风梁父吟。(陈中)①

这些诗词可反映出他们标榜和尊崇的生活趣味。他们植竹种花,随兴吟咏,时临墨迹或手谈品酿,在乡野间过着极有韵味的生活。

食乃人之性。士子不仅对食、酒、茶的味道、口感、产地、烹饪方法、食用季节了如指掌,而且特别讲究进餐时的环境、餐具、人物和氛围。费元禄的《晁采馆清课》记载了晚明士大夫在一年四季十二月中每个节令中赏花阅景、品时尝鲜的活动:元旦开家宴,三月品新茶,五月烹新鹜,六月试鲜藕,七月摘葡萄,九月品菊花酒,十一月尝肥蟹。随着四季节令的变换赏花、品茗、尝鲜,既有与自然季节交替相谐的节奏美,又有将进餐饮食审美化的艺术性。

进餐活动的艺术化只是文士们生活审美的一部分,熟读诗书、满腹经纶才是士大夫身份的象征。读书、弹琴、交游和冶游活动的审美性是其生活审美的重要内容。下面分别予以论述。

(一) 读书

科举入仕是隋朝以来中国古代社会对文人设置的实现自我价值的普遍而唯一的途径。科举要考四书五经等古典书目,士子要想参加科举考试,就必须闭门苦读(见图3-4),熟背四书五经等书目。因此,文士最重要最日常的一件事是读书。北宋初钱惟演在《归田录》(卷二)中写道:"平生惟好读书,坐则读经史,卧则读小说,上厕则阅小辞,盖未尝顷刻释卷也。"南宋许棐在其《梅屋书目》自序中写道:"予贫喜书,旧积千余卷,今倍之未足也。肆有新刊,知无不市;人有奇编,见无不录,故环室皆书也。"

---

① 李秋香、罗德胤等:《浙江民居》,清华大学出版社2010年版,第16页。

图 3-4 冰裂纹隔扇门，多用在书房，取"梅花香自苦寒来"之意

可见，读书是文士最具日常性的生活。他们勤学苦读，无论坐着、骑马、乘舟，甚至上厕所，都手不释卷；他们喜爱读书，甘愿受文字的蛊惑，甘于清贫，甚至为了购买新书而售田卖屋。毋庸置疑，出于生存意识和责任意识，文士读书是为了参加科举考试一举夺魁金榜题名，但这表层的功利性并不能摧毁深层的、根本的读书快乐。文士们在书房中吟诗作画，或赏析美文、品析经书，或以文会友，追慕古人幽情。他们饥饿时以书为食，口渴时以书为饮，困乏时以书为枕席，愁寂时以书当鼓吹。他们通过读书来陶冶情操，扩充知识，丰富精神情感生活，提升生命的深度和广度，从而让自己的生命状态超然遂性，使生活情趣化、审美化了。明代名臣于谦在《观书》中写道：

> 书卷多情似古人，晨昏忧乐两相亲。
> 眼前直下三千字，胸次全无一点尘。
> 活水源流随处满，东风花柳逐时新。

> 金鞍玉勒寻芳客,未信我庐别有春。

明末陈继儒在《小窗幽记》中写到人生之乐是:

> 识尽世间好人,读尽世间好书,看尽世间好山水……千载奇逢,无如好书良友;一生清福,只在茗碗炉烟。

由于读书的日常性,他们总结出不同季节不同情境读不同的书会有不同的乐趣。清初张潮在《幽梦影》中说:

> 读经宜冬,其神专也。读史宜夏,其时久也。读诸子宜秋,其致别也。读诸集宜春,其机畅也。

明末吴从先在《赏心乐事》里说:

> 读史宜映雪,以莹玄鉴;读子宜伴月,以寄远神;读佛书宜对美人,以挽堕空;读《山海经》《水经》、丛书、小史,宜倚疏花瘦竹、冷石寒苔,以收无垠之游而约缥缈之论;读忠烈传宜吹笙鼓瑟以扬芳;读奸佞论宜击剑捉酒以销愤;读《骚》宜空山悲号,可以惊壑;读赋宜纵水狂呼,可以旋风;读词宜歌童按拍;读神鬼杂录宜烧烛破幽。他则遇境既殊,标韵不一。

(二) 弹琴

上古时期中国就用乐来祭祀,用乐来表达生活所乐。礼乐文化的兴起又将乐提到了安国定邦的高度。孔门儒学兴起后,对"仁"的倡导和重视使人们格外注重身心修养。身心修养的方式有多种,但文士更喜爱使用琴棋书画的方式。

琴被称为"四艺之首",原因有三:其一,有效弦长较长(一般在110厘米以上),所以振幅较大,振动时间长久,其余音绵长而深远。古琴是弹拨乐器中唯一能够在点状出音中制造大量线状音迹的乐器，线状出音使古琴特别善于表现深邃幽远的效果。古琴的音线能使音逐渐弱化，由实而虚，由近而远，能使听者产生超逸脱俗之感，玄化幽眇之效，更增添无限深远之况味，此所谓"迟以气用，远以神行……神游气化，而意之所之，玄之又玄"（明代徐青山《溪山琴况·和静清远》）。冷谦说"音有幽度，始称琴品……故高雅之事，动操便有幽韵"（《琴声十六法》）。此处"幽度""幽韵"所指便是古琴之清和淡雅、含蓄恬静、音色深沉、虚静高雅、余音悠扬等品性。此品性和文士超凡脱俗、飘逸洒脱的心性甚为契合，遂深受文士们青睐，故被称为"圣人之器"。其二，古琴音域多中音区，用五线谱记谱时，主要使用的是低音谱表，演奏效果较低沉浑厚，"低"与"沉""重"相通，"沉""重"与"深远""深邃"等空间意义和心理感受相关。所以古人喜用古琴来修养心性，嵇康更认定古琴为"众器之中，琴德最优"。其三，古琴所用之木为栖凰引凤之梧桐[①]，此木在上古时期或生于崇山峻岭，或生于绝壁涧溪，餐风饮露，吐食日月之精华；所用之弦或为冰蚕之丝，又有金徽玉轸；斫琴之人又需有高尚绝俗之品格、高超出众之技术。这些莫不昭示着琴之高雅尚洁、超凡脱俗之品性。琴既有如此的品性[②]，士子遂把抚琴作为一条养心养性的重要途径。为了时时抚琴养心养性，士子遂将琴随时带于身边，即使身处陋巷或谪居山谷都同样如此，所谓"琴最亲密，不离于身"（东汉应劭语）。岁月流逝中琴与士形影不离，琴遂成为士的象征和标识（见图3-5）。

---

① 《大雅·生民之什·卷阿》有"凤凰鸣矣，于彼高岗。梧桐生矣，于彼朝阳"之句，成为梧桐引凤凰传说的最早记载。

② 琴音琴乐在古人心目中地位独特。唐代著名道士司马承祯在《素琴传》中说："琴者，禁也。以禁邪僻之情，而存雅正之志，休身理性，返其天真……君子以琴德而安命……隐士以琴德而兴逸也。"见董诰等编《全唐文》卷二九四，山西教育出版社2002年版，第6册，第5687页。《史记》中载："舜弹五弦之琴，歌《南风》之诗而天下治。""琴德"可以教化万民，大治天下。这种将琴德之用的夸张和上古时期乐文化的鼎盛相关，士人对琴的重视也正是对中国从上古时期延续传承下来的乐文化的一种回响。

图3-5　士子与素琴

孔子酷爱弹琴，无论在杏坛讲学还是受困于陈蔡，都要操琴弦歌；俞伯牙和钟子期因《高山》《流水》之琴音而广为美谈；嵇康在刑场上弹奏《广陵散》以为生命之绝唱。陶渊明室内常年摆放一张无弦无徽的素琴，当他酒酣耳热或兴致盎然时，总要虚奏一曲，并说"但识琴中趣，何劳弦上声"。李白在《赠临洺县令皓弟》以此写道："大音自成曲，但奏无弦琴。"

琴与文士的典故在古籍中随手可拾，此处不再聒噪。这里着重分析一下琴之于文士的审美性。嵇康"目送归鸿，手挥五弦。俯仰自得，游心太玄"展现了精神与飞鸿驰骋周游、心灵与琴音相伴自由翱翔之境。刘禹锡在《陋室铭》中则为我们描绘了一幅让人神往的"可以调素琴、阅金经。无丝竹之乱耳，无案牍之劳形"的淡泊明净境界。白居易更是酷爱琴音，每天早晨打扫庭院诵读诗文后，总要弹奏一首《秋思》后才会客或处理政事。外出时也将琴随身携带，《池上篇序》中描述了他在林中弹琴听曲、悠闲自得之乐：

每至池风春，池月秋，水香莲开之旦，露清鹤唳之夕，拂杨石、举陈酒、援崔琴、弹姜《秋思》,颓然自适,不知其他。酒酣琴罢,又命乐童登中岛亭,合奏《霓裳散序》,声随风飘,或凝或散,悠扬于竹烟波月之际者久之。曲未竟,而乐天陶然石上矣。

唐代诗人常建在《江上琴声》中写道:

> 江上调玉琴,一弦清一心。
> 泠泠七弦遍,万木澄幽阴。
> 能使江月白,又令江水深。
> 始知梧桐枝,可以徽黄金。

欧阳修在《赠无功军李道士》中写道:

> 无为道士三尺琴,中有万古无穷音。
> 音如石上泻流水,泻之不竭由源深。
> 弹虽在指声在意,听不以耳而以心。
> 心意既得形骸忘,不觉天地愁云阴。

上述所列诗文均表明文士弹琴并不仅可以"禁止于邪,以正人心",而且可以"悦心",借着琴音颐养心神,抒发情致、开阔胸怀,增添日常的审美性和趣味性。古琴琴弦虽轻细低微,却能传达出细腻含蓄、委婉缠绵、轻灵清越之情愫,在空旷静谧中拨动着细微的心弦,似断还续、若有若无、余音缭绕、回旋缠绵、韵味无穷,让人身心沉醉、返性知灵。唐代薛易简在《琴诀》中讲:"琴为之乐,可以观风教,可以摄心魄,可以辨喜怒,可以悦情思,可以静神虑,可以壮胆勇,可以绝尘俗,可以格鬼神,此琴之善者也。"弹琴的日常性和弹琴的身性修养之功用均表明弹琴活动是文士的一种生活方式。区别于演奏给别人欣赏的表演性活动,也区别于听琴者静态的观赏性,这种活动因其具有精神心灵自由的向度而具有审美性,又因其日常性和实用性而属于生活审美。

但文士弹琴并非都属于生活审美,有些文士弹琴前要沐浴更衣、盥手焚香,要心静气和、清心寡欲,要心无旁骛、专心致志,要谦和恭敬、虚空心胸,"未按弦时,当先肃其气,澄其心,缓其度,远其神"(明代徐青山《溪山琴况》),"但按谱鼓时……心先主静,目视分明"(清代祝凤喈《与古斋琴谱》)。更有甚者,弹琴必在高远或深邃处,古之士大夫在建造园林时要专筑琴室、琴台、琴亭。这些弹琴之外的"功夫"近乎宗教仪式,这些仪式是要弹琴、听琴之人心存尊崇和敬意。明代古琴名家杨表正在《弹琴杂说》中写道:

> 凡鼓琴,必择静室高堂,或升层楼之上;或于林石之间;或登山巅或游水湄,或观宇中。值二气高明之时,清风明月之夜,焚香静室坐定,心不外驰,气血和平,方与神合,灵与道合。如不遇知音,宁对清风明月、苍松怪石、巅猿老鹤而鼓耳,是为自得其乐也。

《红楼梦》第八十七回中林黛玉论琴时道:

> 若要抚琴,必择静室高斋,或在层楼的上头,在林石的里面,或是山巅上,或是水涯上。再遇着那天地清和的时候,风清月朗,焚香静坐,心不外想。

这些对琴的程式性、仪式化的操演,因其具有表演性,与日常生活母体脱离,在此意义上属于艺术审美而非本文所述的生活审美。

(三)"士"之交游

"交游"包括文士的好友聚会和游历山川。

古代士子文人聚会称为雅集,或称为"曲水流觞"。作为古代知识阶层的代表,他们有较高的文化素养,也有较高的精神需求,渴望更多的情感认同。但在周遭的世界中又难得相知之人，所以他们要以文会友、以诗会友、以琴会友、以书会友，甚至以自然之物会友，以交流内在情怀，抒发胸中之意。林语堂说："生活艺术家的出发点就是：他如果要享受人生，则第一个必要条件即是和性情相投的人交朋友。"① 古代士子尊爱友人，珍惜友情，和友人畅谈人生，或仅仅是和友人默然相向而坐。这些活动是他们的日常活动，但因为精神、心灵自由的向度，因而也是一种生活审美活动。下面分别介绍宴饮雅集和士人游情两种。

1. 宴饮雅集

曹丕在写给友人吴质的信中谈到青年时期的"南皮之游"：

> 每念昔日南皮之游，诚不可忘。既妙思六经，逍遥百氏；弹棋间设，终以博弈。高谈娱心，哀筝顺耳；驰骛北场，旅食南馆，浮甘瓜于清泉，沉朱李于寒水。白日既匿，继以朗月，同乘并载，以游后园。舆轮徐动，宾从无声，清风夜起，悲笳微吟，乐往哀来，怆然伤怀，余顾而言，斯乐难常，足下之徒，咸以为然。今果分别，各在一方。元瑜长逝，化为异物，每一念至，何时可言？②

当年曹丕与吴质、阮瑀、徐干、陈琳、应玚、刘桢、王粲等人朝夕相处，论道谈玄，拨筝鼓瑟，设局博弈，车马共骑，夏日品尝甘甜的瓜果，冬日将红色的果子放置于冰冷的湖水中玩耍，良辰美景，夜以继日，驾车乘风，饮宴游园，欢乐难当。青春年华本令人追慕，何况是一群文采斐然的青年才俊，青春韶华又风度翩翩，才情无双又相投相合，生活如斯，夫复何求？

谈雅宴不能不提兰亭聚会。

---

① 林语堂：《生活的艺术》，中国戏剧出版社1991年版，第207页。
② 易健贤：《魏文帝集全译》，贵州人民出版社2009年版，第178页。

永和九年，岁在癸丑，暮春之初，会于会稽山阴之兰亭，修禊事也。群贤毕至，少长咸集。此地有崇山峻岭，茂林修竹，又有清流激湍，映带左右。引以为流觞曲水，列坐其次，虽无丝竹管弦之盛，一觞一咏，亦足以畅叙幽情。是日也，天朗气清，惠风和畅。仰观宇宙之大，俯察品类之盛，所以游目骋怀，足以极视听之娱，信可乐也。

暮春时节在兰亭相聚，此时会稽山的崇山峻岭竹林深深，流水清清。文人士子围着流觞曲水席地而坐，饮酒赋诗，享清风之和畅、春光之明媚。天高云阔，胸清意淡，诸事不牵挂于心怀，洒脱不羁，自由人生。山林、流水、春光、清风并非外在的、对象性的、可有可无的，而是这次活动必不可少的参与者，这些自然物以声光色影参与了文士的赋诗、饮酒、畅谈、欢笑，文士们在这个整一的生存场域中进行了一次典型的生活审美活动。

古代士人以文会友，畅叙友情，切磋学术，游览自然山川，留下了诸多佳话。南朝谢灵运与其族弟谢惠连、东海何长瑜、颍川荀雍、泰山羊璿之"以文章赏会，共为山泽之游"（《宋书·谢灵运传》）。东晋"白莲社"，宋代"江西诗社"，元代"月泉吟社"，明代"西湖八社"，清代"南屏吟社""湖南吟社"等不胜枚举，士子们"合道艺之志，择山水之胜，感景光之迈，寄琴爵之乐，爰寓诸篇，而诗作焉"（《西湖八社诗帖序》）。志同道合的人们写诗赏乐，观山玩水，品尝佳肴，谈古道今，身心皆乐，他们的目的不是诗文曲的创作而是以诗文曲创作交流情趣，增进友谊。这些具有审美性的类艺术活动植根于生活源场域，是他们日常的带有审美性的生命活动。

不仅有诗文会友之社、会，还有各种形式的社、会。例如"十老会""真率会""逸老会""怡情会""颐年会""初服会""冠裳会""林间社""击壤会""团鱼会""荔枝会""蟹会""避暑会""消寒会""牡丹会""竹懒花鸟会""结菊会"，还有各种茶会、酒会、琴会、画社等，不一而足。这种消遣娱乐性质的聚会文士们追求一种清雅、真率的生活,他们或围炉饮酒,或湖中泛舟,或读书赋诗,或挥毫翰墨,或弹琴对弈,或谈经论史,或参禅悟道,或观花赏鸟,或尝鱼品蟹……自娱自乐、顺心适意,在自然、和谐、平等、友好的氛围中享受人生之美生命之乐。这些花样百出、形式各异的社会活动目的是享乐,是一种原初的生活形态,有着肉体和精神双重的愉悦,也是典型的生活审美活动。

2. 士人游情

为官致祸是文人做官之常态,这导致士子经常拒官退隐、挂印回乡(尤以明初和明末时期士人辞官之风为最)。除却官场之昏,家事之杂、城市之喧皆为士人游兴原因之所在。有些士子与自然亲近,在山林中游憩则是为了修养身心,息养太和之气。此外,或醉情山水,或寻师访友,或拜谒同道,种种因素使古代士人喜欢游居于朴素、清雅、与自然山水相依相偎的环境中。山水田园自由自在、秀美雄奇之态,士子的学识修养又使他们对自然山水之美有着敏锐的感受力和浓厚的审美之情因而真心爱山乐水。在这样的情境中他们便感到身心舒展、率性适意、顺心自在。"结庐松竹之间,闲云封户,徙倚青林之下,花瓣沾衣。芳草盈阶,茶烟几缕;春光满眼,黄鸟一声"(陈继儒《小窗幽记·集景》)。陈继儒所说正代表了古代士子们的心声。

士人游情有宦游、游学、冶游种种。宦游是政事与旅游融为一体的旅游。有两种情况皆为宦游:第一,为了求宦为官文士们四处周游;第二,已为官吏但被派遣到远离京城或家乡之处为赴任而进行的游历。孔子周游列国,孟子游历齐国、魏国是士人宦游的开端。其后苏秦、张仪、商鞅、李斯等人皆为游中求宦,可见战国时期士人宦游之风之鼎盛。唐代多有士子为王公大臣幕僚,为职务所需经常要跋山涉水,如王勃、陈子昂等。两宋时期政事反复,士大夫宦海沉浮,或被贬到边郡穷邑之地,常需远行赴任,如苏轼在苏州、杭州时期的宦游。宦游虽非士人游情的主要形式,但他们在此过程中的诗文创作真实地反映了重新亲近自然山川的欣喜与轻快。游学是把旅游和学习相结合的旅游。所谓"读万卷书，行万里路"，士子们在游历中可将书中知识形象化，从而在亲身体验中进行深度理解。两宋时期名师硕儒在各地讲学，他们的德性学识为学子所慕，因而不远万里寻师学道，士子游学之风盛行。冶游是士大夫旅游的主要形式。冶游主要指士大夫在春天或节日里外出游玩。在冶游时他们浏览叠岩沟壑，寄情山泉鸟林，流连忘返，自适所在。文士们无论宦游、游学还是冶游均有明确的现实目的，只是这种现实功利目的融解于山水游玩的行为中，游玩的审美性和现实的功利性融于一体，成了一种生活审美活动。冶游后来也指狎妓（详后）。

但真正居于山林又有诸多艰辛，而且入仕的理想往往让他们无法安然居住于山林之中。园林便成为士子们亲近自然又不远离红尘的折中存在。

早期的园林称"圃""苑"，主要是皇家或贵族王侯修筑，圃苑殿阁巍峨、楼台高耸，奇花异草、珍禽巨兽藏匿其中，如周文王的灵囿、秦始皇的阿房宫、汉武帝的上林苑等。唐代时文士园林开始出现，但数量极为有限。经过宋代发展，文士园林在明代达到高峰。进入文士园林，姿态各异的楼台亭阁，小桥流水，花木山石，让人有回归大自然的舒畅轻快之感；题绘在楼阁处的诗歌、书法、绘画、匾额，与周围的园林景观契然相合，诗境、画境、园境交相呼应，此时游园之人与彼时游园之人通过这些诗书画交流相通，情意往来，自然之景与人文之情交融相契；鸟语花香、微风细雨、湖光月影等声、光、影、香之虚景、动景与山石、楼阁之实景、静景相映成趣，更让游者欢心雀跃，情动神摇；楼阁内摆放的各色工艺品引诱、刺激着游者的雅趣，人们情不自禁地摒除它念，倾心赏玩。文士园林因而成为文士心灵安放的最佳之地。因此，在明代大江南北大大小小的名园多不胜数，如徐渭的青藤书屋、王世懋的淡园、陶望龄的息庵、袁宏道的柳浪园等。经济窘迫者无力造园，便用手中之笔造"乌有园"

"心园""意园"等。园林是文士重要的精神家园和心灵栖息地。作为文士日常游玩的一个场所,在园林中散步,与友人畅谈,和家人聚会等,皆是他们生活的一种方式。园林中的山石湖泊、楼阁匾额、桥梁栏杆、清风丽日并不在这些活动之外,而是这些活动的不可或缺的参与者;也因着这些园林之物的参与,文士们的散步、畅谈、集会等现实活动才更具有审美性。

(四)"士"与青楼女子(冶游)

在男权社会,对女子的审美是男子日常审美的重要内容之一。青楼女子是古代女子中极为独特的一个群体,她们容颜娇美,服饰新潮,艺情卓绝,比起贵族女子的端庄淑雅多一份活泼娇媚,比起村野山姑的淳朴率直多一份柔美水灵。因此,男性对青楼女子的审美(冶游)不止于性欲色情,才情的精神审美才是我们重点考察的内容。下面分别介绍两种情况。

1. "倡妓"与"色隐"

古代中国"妓"可分为"官妓""营妓""私妓""家妓"等多种类型。春秋时期齐国国相管仲设立"女闾",此为最早的官妓。汉武帝时设立营妓,(军妓)以侍军士之无妻室者。唐宋到元明两代官妓一直兴盛不衰,清代才被革除。私妓在唐代开始出现后就一直蓬勃发展,明清时期依然繁盛。家妓是王公贵族家中豢养的女子,魏晋南北朝到隋唐,一些官僚贵族府里的家妓多达数百人,宋明以后家妓人数逐渐减少。

妓女的合法存在使古代男子狎妓之风盛行。但文士狎妓并非仅仅是为了肉体的欢愉,有时也是一种富有感情色彩的交往。唐代以前"娼妓"亦称为"倡伎"。《说文解字》释"倡,乐也,从人,昌声"。《广韵·纸韵》释"伎,侣也"。可见,"倡伎"初始意为从事艺术活动的人群。因从事声乐歌舞女性居多,"倡伎"才逐渐被"娼妓"取代,活动内容也由原先以艺术活动为主,变更为声色男女活动为主。无论如何,乐舞等艺术活动依然是狎妓之行的重要组成部分。一些高级的妓女尤其是"官妓",因钱色交易市场化,为了占有更多的市场赚取更多的钱财,她们不仅要有姣好的姿容,还需有傲人的才情。宋代晁冲之诗句"看舞霓裳羽衣曲,听歌玉树后庭花"描绘北宋名妓李师师,余怀在《板桥杂记》中对秦淮八妓之一卞玉京描述为:"知书,工小楷,善画兰、鼓琴,喜作风枝袅娜,一落笔,画十余纸。"她们擅长绰约婉转的歌舞,琴棋书画几无不能,对各类艺术性活动均有涉猎。她们谈吐出众,才智敏捷,色艺冠绝,善于周旋,能娴熟地在酒宴上活跃气氛、调和人事。男子和这些女子来往,喝酒聊天,和诗奏乐,调情冶游,虽有声色交往,但艺术因子参与的比重亦极大。有些王公贵族士子去妓院目的也并非声色之欢,而是因政治抱负不得施展,人生志向遭遇挫折,旨在通过一些灵动的女子以寻求情感的慰藉、心灵的安慰、精神的愉悦和身心的放松。两宋时期尤为特殊,文人狎妓欢宴,多以情感和相思为中心,对情色有着文雅的诗意态度。清人卫泳在《悦容编》中称为"色隐",是要"借一个红粉佳人做知己"。

当然,想要"色隐"也非易事,金钱珠宝、身份地位、家族荣誉皆是障碍。但有才情的士子和这些散发着艺术气息的女子来往也因着这些障碍的阻隔更让彼此惺惺相惜、倍加珍惜,也使他人惆怅满怀,赞叹不已。柳永、欧阳修、黄庭坚、秦观均有许多与妓女之情爱相关诗作,而陈贞慧和李贞丽、侯方域和李香君、钱谦益和柳如是、冒辟疆和董小宛之间的两情相悦更是名士和名妓相交的典范,他们的相识、相交到最后结为连理,冲破了古代"父母之命、媒妁之言"的封建婚姻,在某种意义上可以说是自由恋爱的先声。男女相恋本是生活审美,自由恋爱有突破阶层限制、追求自由、反抗社会不合理性等值得肯定和赞美的正向价值,因而成了历来为人们所肯定和赞美的生活审美实例。

妓女们的类艺术活动是植根于她们生活和生命的活动,并非近代独立形态的、无关乎功利的纯艺术活动。文士们与妓女们进行类艺术的切磋交流，主要目的也是生活的娱乐消遣或缓释精神苦闷。在这些具有审美性的类艺术活动中，实用性是审美性的基础，审美与实用融于一体，所以这些活动属于生活审美活动。

唐代国力强盛，经济繁荣，礼教松弛，两性开放，导致唐代妓女数量大增，娼妓文化繁荣，我们以唐代士子与青楼女子的交往为例进行研究。

2. 唐代士子与青楼女子

上文已述，去青楼的男子多为贵族、官员和参加科举的士子。有些贵族、官员和士子涉足青楼主要是因为人生苦闷、志向不达以去寻求精神安慰和心灵认同。士子涉青楼更多了一份找寻情投意合的异性的期许。唐代士子多为能诗擅文的才子，他们对琴棋书画皆有涉猎，懂音律、喜歌舞，善品美酒，具有较高艺术修养，乐于与人交往，这些对青楼女子都有强烈的吸引力。士子与青楼女子相互欣赏，共同切磋，时而会出现情感上的共鸣和思想上的交锋及由此带来的灵魂自由和精神舒畅。这种情致、兴趣、爱好、才情上的互动和吸引超越了通俗意义上的狎妓而提升为一种精神心灵上互为主体的人际交往的审美。

当时妓院最为集中、层次较高之地是长安北部的平康里。《开元天宝遗事》（上）载："长安有平康坊，妓女所居之地，京都侠少萃集于此，兼每年新进士以红笺名纸游谒其中，时人谓此坊为风流渊薮。"《北里志·序》记载，长安娼妓行业归教坊管辖，所有职业娼妓均要入籍登记。平康里娼妓平日不能离开妓院，如有官员聚会宴饮需娼妓助兴，要持相关部门发放公文"牒"才可出行。由于官府管制，一般都在青楼里待客。青楼里一般宽敞而安静，鲜花、灌木、池塘、假山点缀其中。宽大的会客厅和玲珑的小房间错落交织。房屋墙壁上悬挂有层层的纱帘帷幕，轻薄微透，绰约有致。房内也装饰着花草，摆放着筝瑟，女子们为了谋生专事妆容艺技，倾力歌舞，她们服饰时尚艳丽，肤色细嫩白皙，笑容甜美娇嗔。贵族、微服官员、书生到来，酒宴开张，或歌舞相伴，或谈诗论文，或挥毫助兴。情色之欢与心神之乐相融，快感和美感相杂难分。

唐代狎妓文化最为典型的是三年一度的科举揭榜时日。新科进士金榜题名，所获遗赠颇多，兴高采烈之时出手阔绰，教坊对此也大开绿灯，佳人（唐代称妓女为"仙女"）可随叫随到。所以，金榜公布到四月末曲江大会这两个多月时间里，曲江湖畔才子佳人同行宴游，逢花即饮，弹琴鼓瑟、作文和诗；公卿家添乐凑趣、合家出游，为其女择选东床佳婿；皇帝驻足紫云楼观赏，有时还有大批赏赐，更增添了士人游宴之乐。在此期间出游者饮食极尽奢华，山珍海味应有尽有，而且有大量官妓歌舞娱乐[①]。这些金榜题名的士子对人生和未来踌躇满志，佳人在场更使这种自信充沛饱满，昂扬豁达，这些正向而饱满的能量洋溢流淌在曲江池畔，是士子和妓女带有典型性的生活审美实践（见图3-6）。

图3-6 唐代新科进士放榜的庆贺活动：曲江宴（塑像）

这种与娼妓相交之风，上至宰相大臣，下至普通士人莫不热衷。韩愈、

---

① 曹治邦：《从唐代文化和妓女的爱情传奇看唐代的社会风貌和士大夫的时代心理》，《中国古代小说戏剧丛刊》2005年第3期。

柳宗元、白居易、杜牧、韦庄等因与娼妓相交而大受人们赞颂。欧阳詹与太原妓俱为情所亡,元稹和薛涛"别后相思隔烟水"(元稹《寄赠薛涛》),白居易《琵琶行》中对年老色衰之妓女的哀怜同情、对其才艺的赞美和肯定,杜牧在《赠别二首》和《遣怀》中对扬州妓女的离情和哀恋……青楼女子足不出户却阅人无数,因而最懂最重人之情意,这些士子与青楼女子的情爱拓宽和深化了他们的情感世界和人生阅历,是他们生活审美实践的一个重要组成部分。

第三节 物欲享乐:市民阶层的生活审美

一 "市民"概念界定及中国古代市民阶层的审美实践

中国古代社会阶层一般划分为士、农、工、商。工、商阶层从社会学角度看有明显区分,应分别研究,但从美学角度看,这两个阶层的审美实践都具有共同的突出的商业性和物欲消费性、享乐性的特点。所以本书将二者合并为市民阶层进行论述。

(一)"市民"及市民阶层的形成发展

1."市民"概念

什么是"市民"?《说文解字》注释:"市,买卖所之也。市有垣,从冂,从乁。乁,故及,物相及也。之省声。""物相及"即指进行交换。《尔雅·释诂》记:"贸贾,市也。"《周易·系辞下》曰:"日中为市,致天下之民,聚天下之货,交易而退,各得其所。"上述引文均认为"市"为物品买卖交易之场所。"市民"即进行买卖交易的人。进行买卖交易的人多为商人和手工业者,所以"市民"即指商人、雇员和手工业者。他们为了便于交易多住在城市,所以"市民阶层"多指城市底层民众,主要以市场的商品交易为生。这一阶层没有政治权力,因而与上层贵族相区别;有一定的知识文化,但他们的知识文化多与实用性技能相关,不探讨高深雅致的形而上学问题,因而与士人阶层相区别;居住在城市较少从事或不从事农业生产,因而与农民大众相区别①。市民阶层生活相对富裕,闲暇时间相对较为充裕,对政治冷漠,缺少贵族和士大夫家国天下的历史责任意识,这使得他们与其他阶层相比更容易在现实生活中进行审美实践。

2. 市民阶层的形成和发展

中国最早的商人出现在战国时期。"临淄之途,车毂击,人肩摩,连衽成帷,举袂成幕,挥汗成雨。"(《战国策·齐策》)刘向的记载说明在战国时期临淄(今山东淄博)已经有繁盛的商业活动,集市上人来车往,摩肩接踵,热闹非凡。与临淄一样,洛阳、大梁、阳翟、郢都、邯郸、蓟、咸阳都是当时工商业非常发达的城市。同时出现了经营有道的富商,如魏国白圭、河东猗顿、邯郸郭纵、阳翟吕不韦等。但这些工商业活动倚重诸侯贵族,而且集中在各国都城,不能展开大规模长时间的贸易活动,所以市民还未形成一个阶层。西汉初期实行"富国抑商"政策,将盐、铁、酒等经营权收归为国家专营,虽崇尚黄老之术,朝廷对商业活动的影响依然较为有限。到东汉、盛唐时期以统治者所在之地为中心形成的城市(如长安、洛阳等地)贸易交流日益频繁,城市商人、手工业和自由职业者也逐日增多,市民阶层及相关市民文化逐步形成。但唐代坊市制有严格的管理制度和时间限制;坊为城市居民居住地,市为城市居民贸易买卖区,坊区和市区各自独立。坊市制的管理制度、时间限制、区域分离均严重制约了商品

---

① 西方古代的市民社会等同于政治社会、文明社会,强调经济利益和政治权利。中国的市民社会在宗法社会中形成,关注经济利益,缺乏政治诉求。中国古代市民阶层长期主要依赖封建统治者和宫廷贵族,国家长期奉行"重农抑商"政策,这些因素导致中国市民阶层有自己的独特之处。

经济的发展。皇室、权贵主要依靠国家俸禄，并且利用手中职权进行"宫市"，严重扰乱了商品市场的秩序。但"宫市"的出现也反映了上层贵族对商品市场发展的需求，所以唐代中后期"夜市"出现成为必然。到宋代，官府取消了坊市设定，坊市变为街市；同时打破了城郭、乡村不许设市的规定，"草市"日渐繁盛，并且在草市基础上建成了许多镇市①。宋太祖（960—975年在位）下令开放夜市后，夜市发展迅猛：耐得翁在《都城纪胜》中载："坊巷市井，买卖关扑，酒楼歌馆，直到四鼓后方静，而五鼓朝马将动，其有趁卖早市者，复起开张。无论四时皆然。"陆游在《夜雨砖街巷书事》中写道："近坊灯火如昼明，十里东风吹市声。"从引文可知到宋代早市、日市、夜市、草市已经非常繁华。这些集市的出现打破了坊市制时间和空间的限制，商业活动束缚出现松动，市场开始繁荣。市场的兴盛加速了城市的发展，城市不仅是早期意义上的军事要塞或政治堡垒，经济职能凸显，成为商品贸易的市场，市民阶层最终形成。上述宋代坊市合一，草市盛行，商人、手工业者明显增多，同行业会形成，坊郭户籍（以前只有乡村户，宋代开始"乡村户"和"坊郭户"并列，坊郭户即后来的城市居民）单独列定，这些均为市民阶层形成的标志。明清时期，随着城市和商品经济的进一步发展，一部分官僚、士人和农民也开始从事商品贸易活动，市民阶层队伍越来越庞大，他们在清晨早市的叫卖声中开始一天的活动，在灯红酒绿的夜市中结束一天的生活。酒楼茶肆、花街柳巷、勾栏瓦肆、坊院池亭是他们日常活动场所，交易买卖、听曲观舞、狎妓嫖赌、饮酒斗鸡是他们的日常生活。繁杂又热闹的城市使他们过着与"日出而作，日落而息"决然不同的生活，喧嚣的人群、飞舞的彩幡、热闹的歌曲、斑斓的服饰、喷香的食物诱惑着市民们崇奇好异、追求享乐的心性，物欲性

---

① 贾新政编：《中国全史》（第18卷）"商业史"中载："杭州附近的钱塘、仁和二县有镇市十五；建康府辖镇十四，有市二十多，鄞县有八镇市。"经济日报出版社1999年版，第314页。

时尚性遂成为他们生活审美的突出特征。

3. 市民阶层与贵族阶层、农民阶层生活审美的差异比较

生活审美的物欲性鲜明地体现在市民阶层中的富贾大商和一般官吏。这一层次的人属于上层市民,他们资产颇丰,与士人阶层相比缺乏社会责任意识,与农夫相比少有节俭意识,这使他们将享乐设定为人生目的。所以,他们大肆挥霍财物,崇尚奢华,鲜衣怒马,一掷千金,纵欲逐物,尚奇求新,肆无忌惮,以标榜人生价值,显示自身的存在感。有些儒商虽喜欢看戏听曲,通俗小说或放案头,或夹在行囊中随身携带,修园造林,赏玩古物,收藏书画,研习诗文,在酒酣食美之余追求精神享受,并且有较高的艺术修养,但毕竟数量有限。多数富商与文士相交或者携带书籍仅仅是附庸风雅、修饰门面而已;通过种种手段为官从政也多为提高社会声誉,光耀门楣,并非为民为国为己、修身养性之举。

底层市民与从事耕作的农民相比同属于终日为生计奔波之群体。但城市底层市民沿街串巷,见识甚广,察言观色,机灵善变,非"乡村野夫"可比,所以虽同属底层,他们依然有意将自身与农民阶层区别割裂开来,甚至将农民作为嘲笑的对象。底层市民与农民的区别主要有三:其一,城市商品的流动性使商机随处可在,在理论上他们随时可能一夜暴富;眼到之处皆是上层市民的物欲性和享乐性的生活,这对他们有极强的诱惑性。这二者使得时机一旦允许他们便倾囊而出购置新衣、品尝美食,乘坐轿舟。农夫惜物爱物,将物视为亲友伙伴,倍加珍爱。底层市民手中之物"来往频繁"所以对物并不特别珍惜,进手出手视为寻常。比较而言,底层市民享乐中更倾向消费物品带来的欲望、满足的快感,农夫享乐中更有种物之性和人之欲的平衡与和谐,显得较为质朴。其二,生活在城市的底层市民整日忙忙碌碌,使城市显得熙熙攘攘,一片繁忙。但这种忙碌熙攘的背后多与"利"相关。以日计时的底层市民的生活如有审美活动也比较匆促,容易流于外在浅层。生活在乡村的农夫则完全不以日计时,他们遵循四时

节气播种、耕耘、收获、储藏、庆典,生活自然而又井然有序。他们在非农事时节生活较为散漫,生活中的审美活动重内在而有一定深度。其三,"城市是自由人的自然环境"(西方谚语),市民阶层在城市中主要面对的是人类创造的商业环境,人与人关系的处理更为重要。在这个弹性十足的商业环境中,谋利动机使人们更容易趋向相互隐瞒和欺骗,流动性又使商机随时可能降临。这样的生存环境使市民阶层更容易心浮气躁、随心所欲、即兴行乐。乡村的农夫主要面对的是自然环境,如季节、天气、土地、作物、牲畜等,人与自然的关系处理更为重要。这些自然力量几无弹性可言,无法弄虚作假,形成了乡村人质朴、诚恳、真挚等性格。自然力量的强大又使乡村的农夫们不得不携手互助才能顺应大自然的运行秩序,这使他们较"利"更重视"情",人情味浓郁。

上述城市市民阶层与贵族阶层、乡村农民阶层的种种区别形成了其生活审美中独有的物欲性、享乐性、消费性、猎奇尚新性。

(二)物欲享乐性:中国古代市民阶层的审美实践

无论市民阶层是否形成,市民一旦产生就有相应的审美实践。战国苏秦游说齐宣王合纵抗秦时,谈道"临淄甚富而实,其民无不吹竽、鼓瑟、击筑、弹琴、斗鸡、走犬、六博、蹋鞠"。此处的"民"即包含着城市中的贵族、士人和市民。市民主要从事产品买卖。对于小商小贩来说,他们经常要固守在一个地方等待买主。在等待过程中为了消磨时间经常进行一些游戏。这些游戏未脱离日常生活并以消遣娱乐为直接目的,是一种生活审美活动。游戏是市民生活审美活动的一种重要方式。例如,走街串巷的货郎自编自唱着曲儿叫卖,这是一种商业活动,但他们的唱腔和举止带有一定的表演性质,因而是一种审美实践。后代称此为"吟叫艺术"。高承说:"京师凡卖一物,必有声韵,其吟哦不同。故士人采其声韵,间以词章,以为戏乐也……谓之'吟叫'也。"(《事物纪原》卷九)但因市民阶层还未形成，所以此时市民的审美实践和农民的审美实践无明显区分，还未形成自己的特点。

宋代市民阶层形成后，市民的审美趣味和审美倾向开始明显。市民们在商品市场的舞台上涂写自己人生的喜怒哀乐和悲欢离合；通过观看勾栏瓦肆和茶坊酒楼中艺人的表演说唱来反观自己的生命历程，咀嚼自己的生命况味，听戏、看戏成了他们日常生活的一个组成部分；钱财的充足使他们恣意穿着饮食，肆意游玩作乐："灯宵月夕，雪际花时，乞巧登高，教池游苑。举目则青楼画阁，绣户珠帘。雕车竞驻于天街，宝马争驰于御路。金翠耀目，罗绮飘香。新声巧笑于柳陌花衢，按管调弦于茶坊酒肆。"① 市民生活审美的审美主体主要是市民，他们长期居住在城市，受其繁华、浮艳的影响，失却了质朴；城市拥挤而稠密的生活，使其情感日渐细腻，"类市民们"的生命历程和生活遭遇成了他们生活审美的主要关联物。他们走南闯北，走街串巷，和各色人等接触行事，更深谙人事悲凉，对人情冷暖感触更深。广博的生活阅历让他们一方面有一定的个体自主意识，另一方面又在精神心理上更需求热闹、刺激、享乐的世俗生活。所以，市民们喜爱情节曲折的话本小说，喜爱情感抒发酣畅的戏剧，他们的审美表达方式直率热烈，表现形式灵活自由，表现内容广博丰富。

市民阶层经营商务，经常要东奔西跑、离家远行，风餐露宿备尝艰辛。心理学研究表明，曾经缺失的东西一旦得到便会加倍使用，以补偿曾经的缺失。市民阶层在经商时身体和心理都备受考验，一旦获利后便肆意挥霍来补偿曾经的辛劳，这形成了他们生活审美的消费性。古代城市民居建筑雕饰上多用石雕、砖雕和木雕，所雕之物多为蝙蝠、鲤鱼、双鹿、金鱼、公鸡、绵羊等。蝙蝠谐音"福"，鲤鱼谐音"利"，双鹿谐音"禄"，金鱼谐音"金玉"，公鸡谐音"吉"，绵羊意味"三阳开泰"，皆与钱财有关，

---

① （宋）孟元老：《东京梦华录》，王永宽注释，中州古籍出版社2015年版，第19页。

人们以拥有钱财为美。市民居室雕饰之物多为福、寿、康、禄等字和财富长寿有关的动物。花卉则多用牡丹、芙蓉、石榴、灵芝、寿桃等,寓意为吉祥富贵、多子多孙。四合院天井内晴时太阳光自天井泻入堂前,此为"洒金";雨时雨水落入,此为"流银"。四面屋顶均向天井倾斜,四面雨水流入堂前,此为"四水归堂"(见图3-7)。中国古人认为水为财富,四水归堂就是四面八方之财流归此院,中国古人尤其是商人对此有强烈的期盼。此外,"金钱窗"(古钱纹样的窗户)、"金钱盖"(古钱纹样的地下水井盖)、"金钱墙"(在墙缝中嵌入古钱或直接在墙上用钱币图案装饰)(见图3-8),更是赤裸裸地体现了商人对财富的追求。古时四川成都有一山村,人们在自家门前地面上用鹅卵石镶嵌出铜钱图案,甚至有些人家在堂中地上的方形石板上也如此雕饰。大户人家在门前用卵石铺成铜钱图案寓意"遍地是钱"(见图3-9),在月明之夜磨盘大的铜钱浮出地面极为壮观。这种对财富的追求为商人尤其是富商阶层突出的生活审美实践。

图3-7 冬天下雪称为"洒金",夏天落雨称为"流银"。雨水、雪水都被认为是财富。南方徽州古民居天井狭小,下雨时西面雨水从向内倾斜的屋面汇聚到地面的水渠中,是为"四水归堂",是徽商"肥水不流外人田""不尽财源滚滚来"生活审美意识的反映

图3-8　山西灵石县王家大院的铜钱墙

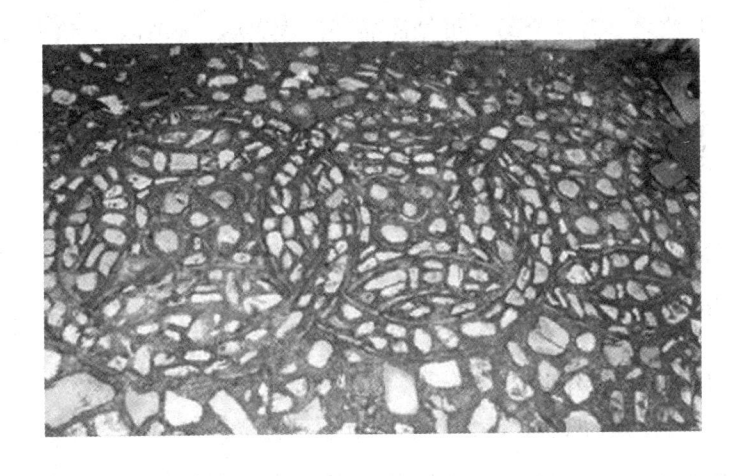

图3-9　云南元阳县哈尼梯田鹅卵石铺成的铜钱，明白地宣告着商人对钱财的渴盼

有些商人可能抓住商机而一夜暴富，对他们来说钱财如路上捡来般，所以花费起来毫不珍惜，极易进行挥霍性生活享受，在一掷千金中，在旁观者瞠目结舌的羡慕忌妒中获得与美感极为相似的心理满足、精神上的快适和自由。经济学上有"财富效应"，即财富资产越多，人们的消费欲望就

· 181 ·

越强。与农民相比,商人的资产较为充足,消费欲望也比农民大众强烈。他们虽有相当一部分人脱身农籍,却鄙视农民,竭力攀附贵族、士大夫阶层。但文化的修养和政治方面的劣势使他们经常在比较中有深深的挫败感。与贵族和士大夫相比,市民们虽无显赫的出身,亦无博雅的修养,但他们钱袋鼓满。通过挥霍钱财来证明和肯定自身的人生价值、人生意义,便成为他们不约而同的选择。这种通过钱财消费来证明自身价值和肯定自我存在的行为使他们日常的审美实践也沾染着浓厚的物欲消费性、商品性和享乐性。

在中国历史上,最具代表性的市民审美实践是两宋时期和明清时期。我们以此二者为例来进一步分析。

二 宋代市民阶层的生活审美

两宋时期城市商品经济繁盛。《东京梦华录》记载开封大相国寺每月五次开放,开放之日万人交易,可见商品经济之兴盛;《清明上河图》中商铺林立,人头攒动,可知贸易之繁盛。商品经济的发展使一些地方的农民不再种植农作物,而专门种植茶、橘、蔬菜、瓜果、花卉等经济作物;私营手工业(相对于官府手工业和家庭手工业)中纺织业、矿冶业、食品加工业、原料制造业、文化用品业等分工也日渐专业化。上述两方面发展使城市商品供给多样化,米肉茶酒、陶瓷水果、金银珠宝、文房四宝各色花样众多。并且,服务本身也成了商品,进城务工者或各种杂货工匠罗立会聚,"牙人""市头"类似现代经纪人的职业也已出现。这些直接促成了市民生活的消费化。漆侠先生说,中国古代服务性行业多于生产性行业,消费意义大于生产意义。① 宋代市民阶层尤是如此。

商品经济的繁盛导致城市人口剧增,北宋东京(今河南开封)和南宋临安(今浙江杭州)城市人口皆在百万以上,10万以上的城市如建康、武

---

① 漆侠:《宋代经济史》(下),中华书局2009年版,第951页。

昌、扬州、成都等数量众多（同期西方最大的城市威尼斯人口约为 10 万）。城市人口剧增，市民阶层人数众多。按照消费程度可将市民阶层分为以下三个层次。第一层是富豪商贾和一般官吏，他们富有资产，无节俭观念之束缚，崇尚奢华，追求穷奢极欲的生活。第二层是有一定资产的工商业主和娱乐业主，他们有进取精神和勤劳之品性，生活富足不愁生计，在劳碌之余会进行一些物质和娱乐的消费，是市民阶层的中坚力量。第三层包括店铺伙计、个体经营者、进城谋生之农民、各类艺伎、闲散游人等。他们终日为生计奔波，生活较为艰辛，但在中上层市民消费娱乐之风的带动下，"虽贫乏之人，亦且对时行乐也"①。

商品经济的兴盛、城市的繁荣带来两宋市民多样化的生活审美。欧阳修在《归田录》中写道："相国寺前，熊翻筋斗；望春门外，驴舞柘枝。"李觏则在《富国策》中载："今也里巷之中，鼓吹无节，歌舞相乐，倡优扰杂，角抵之戏，木棋革鞠，养玩鸟兽。"宋末的周密在著名的《武林旧事》中写道："至于吹弹、舞拍、杂剧、杂扮、撮弄、胜花、泥丸、鼓板、投壶、花弹、蹴鞠、分茶、弄水、踏混木、拨盆、杂艺、散耍、讴唱、息器、教水族水禽、水傀儡、鬻水道术、烟火、起轮、走线、流星、水爆、风筝，不可指数，总谓之'赶趁人'，盖耳目不暇给焉。"这些资料记载均表明两宋时期城市商业活动种类繁多，市民日常审美活动频繁。

宋代帝王勤学苦读，博学多才，和重文抑武的政策使宋代文化普及程度极高有关。陈寅恪说："华夏民族之文化，历数千年之演进，造极于赵宋之世。"② 陈傅良所说时人"人人尊孔孟，家家诵诗书"（《送王南强赴绍兴签幕四首》）。虽有夸张成分，但连金玉奴和辛瑶琴（分别《金玉奴棒打薄情郎》和《卖油郎独占花魁》中的女主角，一为丐户之女，一为

---

① （宋）吴自牧：《梦梁录》（卷三），符均、张社国校注，三秦出版社 2004 年版，第 40 页。
② 陈寅恪：《金明馆丛稿二编》，上海古籍出版社 1980 年版，第 245 页。

小商贩之女，但从小都被教导学文读书）也能文善曲，可见文化普及程度之高。文化普及程度高是两宋市民精神生活审美活动丰富多样、频繁的一个重要原因。

文化普及由诸多原因共促而成①，但不可忽视的是俗文化兴起在其中所起的作用。俗文化中具有代表性的是勾栏瓦肆（见图3-10）的兴起。勾栏瓦肆中的文艺样式多源于市井的吟叫艺术②，形式多样灵活，词曲、杂班、农虫蚁、讲史、合声、说诨话等内容契合市民趣味，缺少上层审美的高雅和娇柔，重在自娱自乐、消遣解闷，思想上宣扬善恶相报之念，义利相合，雅俗相和，受众面宽，因而备受欢迎，人们"不以风雨寒暑，诸棚看人，日日如是"③（见图3-11）。勾栏瓦肆各类准艺术的审美是否属于生活审美，需做具体分析：各类持一种外在的、对象化的、形式化的审美即为艺术审美，将各类准艺术视为自己生活不可或缺的一部分、是自身生命存在的必需，即为生活审美。勾栏瓦肆的娱乐精神逐渐扩展到茶坊酒肆中。茶坊酒肆中挂名人字画，摆四时花卉，置奇松异石，颇有附庸风雅之意；不仅卖茶售酒，间卖撒子（冬天）和冰雪（夏天），还有说话、说唱等表演者说史讲经，语出机智、幽默诙谐；更有卖花女穿走其中，花容花香花色花声（叫卖花声）更添生活之乐。顾客或手捧茗茶，或高谈阔论，或围棋博弈，或听曲赏画，一派休闲享乐之景。市民流连于茶坊酒肆是为了获得喝茶、交友、聊天、听曲等多样化的生活情趣，是为了体验整体繁忙热闹的城市生活，这就是生活审美。街头小商贩各行各业更是别具一格，服饰穿着各有讲究：高冠博带者为卖药卜卦之人，皂衫、角带、无帽者为质库掌事之人，顶帽披肩则为卖香料之人。这些独特的服饰装扮，和"吟叫艺术"

---

① 如两宋皇帝多能诗善文、喜好书画者，为巩固统治重文而轻武，科举取士不问身世，印刷术的发展，使人们物质生活满足后对精神文化的需求等。
② 参阅程民生《略论宋代市民文艺的特点》，张其凡、陆勇强主编《宋代历史文化研究》，人民出版社2000年版，第86—87页。
③ （宋）孟元老：《东京梦华录》（卷五），王永宽注释，中州古籍出版社2015年版，第90页。

一起形成了商贩之人的外在形式美。这种形式美依存于交易贸易之内容，因而属于生活审美活动。交易之物有美食靓服、书画古玩等，更有斗蟋蟀、斗鸡斗鸭、玩关扑（类似今天的博彩）、踢蹴鞠、耍相扑（摔跤）等活动，司空见惯，热闹喧嚣，审美氛围和商业气息错杂交融，生活审美活动的开展进行极为容易。

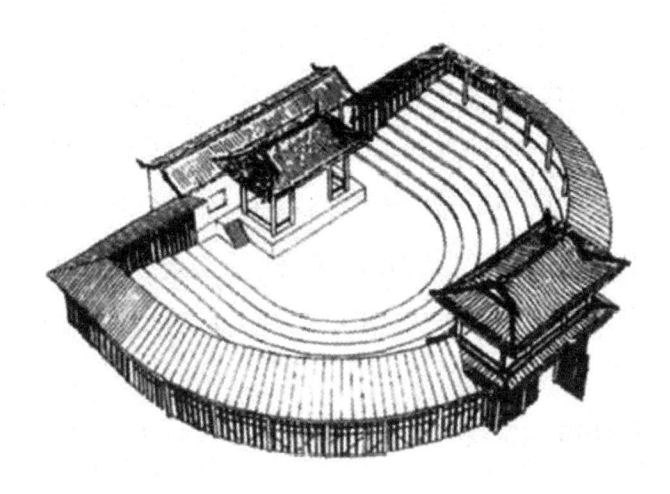

图 3-10　宋代的瓦子，"谓其来时瓦合，去时瓦解之意，易聚易散也"，是宋代娱乐中心。一个瓦子里会有很多个小场地，为勾栏

图 3-11　宋代演艺聚集场景

在日常生活中市民们则"以多为贵,以奢为礼"①,以奢为荣,以俭为耻,"贫下人家,就店呼酒,亦用银器供送"②,"服用浸侈,不惟士大夫家崇尚不已,市井间里以华靡相胜"③,女子珍珠配缀、宫体梳妆,男子服带犀玉。出游时租船赁马,四时游玩。为了维护封建等级制,国家原本对乘轿和骑马都有详细规定,但北宋时期僭越已为常事;居民房屋原有定制定例,但在两宋时期,富商们争相营建豪宅,并以雕梁画栋雕饰之。欧阳修在《有美堂记》中载"邑屋华丽,盖十余万家,环以湖上,左右映带",可谓盛矣。市民们"居室服用以壮丽相夸,珠玑金玉以奇巧相胜"④"(衣饰等)由贵近之家,放(仿)效宫禁,以致流传民间"⑤"(食店)开张亦效御厨体式,贵官家品件"⑥"集四海之珍奇……会寰区之异味,梁肉常余,乘坚策肥,履丝曳彩,馔具居室过于侯王"⑦,生活审美消费化和商品化较为明显。

节庆假日时期审美实践的物欲化和商品化更为明显。春节时:

> 正月一日年节,开封府放关扑三日。士庶自早互相庆贺。坊巷以食物动使果实柴炭之类,歌叫关扑,如马行、潘楼街,州东宋门外、州西梁门外甬路,州北封丘门外,及州南一带,皆结彩棚,铺陈冠梳、珠翠、头面、衣着、花朵、领抹、靴鞋,玩好之类。间列舞场歌馆,车马交驰。(《东京梦华录》卷六"正月"条)

上元节前后的灯节,东京"万街千巷,尽皆繁盛浩闹"⑧:

---

① 李觏:《安民策第四》,《李觏集》(卷十八),中华书局1981年版,第174页。
② (宋)孟元老:《东京梦华录》(卷五),王永宽注释,中州古籍出版社2015年版,第31页。
③ (宋)王铚等:《禁侈靡》,《默记 燕翼诒谋录》(卷二),中华书局1981年版,第17页。
④ (元)脱脱等:《宋史》卷一五三《典服五》,中华书局1977年版,第3577页。
⑤ 同上书,第3579页。
⑥ (宋)吴自牧:《梦粱录》卷十六,符均、张社国校注,三秦出版社2004年版,第236页。
⑦ (宋)孟元老:《东京梦华录》卷一,王永宽注释,中州古籍出版社2015年版,序。
⑧ (宋)孟元老:《东京梦华录》卷六,王永宽注释,中州古籍出版社2015年版,第41页。

> 元夕之时,自十四为始……姑以舞队言之,如清音、遏云、掉刀、鲍老……各社,不下数十。更有乔宅眷、旱龙船、踢灯鲍老……府第中又家乐儿童,亦各动笙簧琴瑟,清音嘹亮,最可人听,拦街嬉耍,竟夕不眠。更兼家家灯火,处处管弦……异巧华灯,珠帘低下,笙歌并作,游人玩赏,不忍舍去。(《梦粱录》卷一"元宵"条)

清明节,人们借扫墓之名携酒带食踏春、游园、泛湖、祭扫、游玩,车马纷然,寻芳讨胜,极意纵游:

> 官员士庶,俱出郊省坟,以尽思时之敬。车马往来繁盛,填塞都门。宴于郊者,则就名园芬圃、奇花异木之处;宴于湖者,则彩舟画舫款款撑架,随处行乐。此日又有龙舟可观。都人不论贫富,倾城而出。笙歌鼎沸,鼓吹喧天。(《梦粱录》卷二"清明节"条)

此外,六月六市人避暑,登舟泛湖,围棋垂钓;八月观潮,看龙舟赛;中秋节,富豪登高赏月、高歌醉饮;"铺席之家,亦登小小月台,安排家宴,团圆子女,以酬佳节。虽陋巷贫窭之人,解衣市酒,勉强迎欢,不肯虚度"[①]。

商家极尽其能,将商机渗透在这些节庆活动中,节庆活动被商品化,人们在节庆审美活动中也日渐物欲化了。

如果说两宋时期市民阶层生活审美实践的消费化和商品化还在起步阶段,那么到明清时期,这一特点就更为明显了。

三 晚明时期市民阶层的生活审美

(一) 晚明时期市民生活审美的思想来源

王阳明承继陆九渊"心即理"的心学哲学,主张"人胸中各有个圣人"

---

① (宋)吴自牧:《梦粱录》卷四,符均、张社国校注,三秦出版社2004年版,第24页。

"良知本然自有",批判了程朱理学的"天理";重视社会个体的自我意识和内心自觉,以世俗人情伦理为行事准则。此外,公安派"三袁"的"性灵说",李贽的"童心说",李梦阳、徐祯卿、王世贞、汤显祖、徐渭等人对"情"推崇和赞美。这些"唯情论美学"颠覆了儒家"温柔敦厚""文质彬彬"的道学教化美学,也颠覆了道家"空灵自然"的美学理念,竭力肯定个体的感性存在和日常娱乐的满足①。泰州学派王艮提出"百姓日用即道"的思想,李贽则认为"穿衣吃饭便是人伦物理",唐顺之提出"本色论",王叔武、唐顺之等人指出"真诗乃在民间……"这些思想要求人们摆脱传统封建伦理道德,推动了人们对现实中具有真情实感、朴实纯正的世俗生活的认可和关注。

两宋时期士人就已开始有意识地向市井社会靠拢,到明清时期,士人和市井商人在逐渐交融。一方面表现为士人和商人的接触和交流日渐频繁,经常坐在一起喝茶饮酒、听曲看戏,熟悉市井商人的生活样态和情趣品位。另一方面表现为一些士子兼以商人身份从事商业贸易,或有部分儒吏弃官从商、弃儒就贾②,经营有道,颇为成功。士商合流,官、士、商彼此提携相互照应,市井文化发展更是如火如荼,发展迅猛。中国"大传统"和"小传统"交流本就通畅无碍,上述因素使得上层思想界新潮流快速向市民阶层播散,因而推进了中国文化的平民化、大众化历程。

陈炎主编的《中国审美文化史》在谈到晚明市民文化时强调指出:"这是一种不安现状、不停躁动着的文化,它鄙视权威,崇尚平等,喜新厌旧,唯利是求。它的每一个毛孔都散发出商业的气息,每一根血管都涌动着对欲望的渴求,它给明代文化带来了全新的内涵。"③ 可知,明代的审美实践肯

---

① 叶朗:《中国美学通史》(明代卷),江苏人民出版社2014年版,导言。
② 士人入仕,士人从商,士人为农,士子多变的身份从另一侧面说明了中国士人在中国古代历史舞台上的活跃性和重要性。
③ 陈炎主编:《中国审美文化史》(元明清卷),山东书画出版社2000年版,第138页。

定世俗生活、张扬个人享乐的同时，商品经济强势影响日常生活，消费逐渐常态化，正如《松窗梦语》所说"世欲以纵欲为尚，人情以放荡为快"。

在烈火烹油、鲜花着锦的时代人们有着普遍的浮夸心理。晚明市民生活审美的挥霍和享乐是由世家大族和富贾大商共同带动形成的。归有光说："俗好偷靡，美衣鲜食，嫁娶葬埋，时节馈遗，饮酒燕会，竭力以饰观美。富家豪民兼百室之产，役财骄溢，妇女、玉帛、甲第、田园、音乐拟于王侯。"[①] 世家大族和富贾大商竭力从服饰、宅第、车马、舆盖、随从、妻妾、宴饮、婚葬礼仪等各方面标新立异，在财富消费中获得自我满足和快感。礼部教坊司乐工和妇女为招徕客人，往往打破朝廷禁令，视僭越为寻常。对于这些违制行为朝廷虽时有禁令，却形同虚设，不见其效。

明初服制规定，玄、黄、紫薇皇家专用颜色，一般官吏和百姓均不得使用。但正德（1506—1521）之后，城市庶民身着大红颜色已屡见不鲜，有些小康之家甚至非绣衣红服不服。姜黄、柳黄、明黄、玄色、绿色等衣服也是随处可见（见图 3-12）。龙凤花纹历来为皇室专用纹饰，万历（1573—1620）时期，"家居麟服，系金带，定褐盖"（沈德符《万历野获编·服色之僭》）亦为寻常。城市庶民虽少穿蟒袍，但衣物上飞鱼、斗牛、大鹏、狮子、四宝相花、大西番莲等纹饰却为常见。明初服制规定庶民百姓衣服为绸、绢、纱、布，不得用金玉、玛瑙、珊瑚、琥珀为饰，正德之后，市民内衬大红织金，头饰珠翠宝石者比比皆是。凡衣必用绮纨制成，如穿布袍，必为耻笑。而且越到后期，厌常好奇、求新寻异之风越烈，人们越以新奇独特为尚，服饰变化更为日新月异，花样百出。甚至出现了男穿女服，女穿男服之"服妖"之事。即使无担石之储的市民百姓，也着意打扮修饰。

[①] 归有光：《震川集》卷11《送昆山县令朱侯序》，《文渊阁四库全书》本，上海古籍出版社2012年版。

图 3-12　晚明市民阶层服饰色彩鲜艳，显示了人们充满激情地在现实生活中审美

明初饮食"筵不尚华"，无珍异所设。即使喜宴，也不过水果五盘，菜肴六盘，汤三盏。万历年间（1573—1620），寻常宴席动辄十肴，席上杯盘错致，水陆俱陈。更有筝弦丝鼓、山歌野调予以侑食。"火炙鹅""活割羊"等压轴菜则将宴会推向高潮。晚明谢肇淛《五杂俎》载："今之富家巨室，穷山之珍，竭水之错，南方之蛎房，北方之熊掌，东海之鳆炙，西域之马奶，真昔人所谓富有小四海者，一筵之费，竭中家之产不能办也。"[①] 鹅在当时为美食，当时有人一次请客杀鹅达 30 多只，正如《明实录》所说"屠宰之类，动及千数；肥鲜之味，恒至百品"。

明初规定庶民居室不能超过三间五架，不能用斗拱及彩色装饰。但弘治（1488—1505）以后，浙江太平（今浙江温岭县）市民之家已是"屋有厅事，高广倍常"。费千金之资修三间客厅之例随处可寻。房屋金碧辉煌，雕梁画栋，重檐兽脊，高广倍式。《金瓶梅》中西门庆有"门面五间到底七进"房屋。南京秦淮河河房在城市民居中更为独特：河房内雕栏画槛，绮窗丝帐，十里帘珠；河房外露台相连，朱栏绮疏，竹帘纱幔。画船箫鼓周折其中。屋宇精洁，花木萧疏，煞为惊叹。从现存明徽州民居其繁复多样的镂刻和雕饰，依然可以想象明代市民居室的奢华。

[①]（明）谢肇淛：《五杂俎》卷 11 "物部三"，上海书店出版社 2001 年版，第 217 页。

服饰、饮食、房屋等方面的僭越体现了人们生活审美的强烈愿望,他们尽全力在日常中的审美推动着他们冒险僭越的言行。这些僭越行为冲击着等级的束缚,趋向于自由,因而是生活审美的突出表现。

物欲享乐性突出体现在节庆假日中。中国传统的节庆假日几乎都与人们的祭祀活动有关。但在晚明时期,人们时常以祭祀为名而游山玩水。张岱在《陶庵梦忆》中载清明时节人们"越俗扫墓,男女袨服靓妆,画船箫鼓……厚人薄鬼,率以为……虽监门小户,男女必用两坐(座)船,必巾,必鼓吹,必欢呼畅饮……自二月朔至夏至,填城溢国,日日如之"①(见图3-13)。在祭祀时人们服饰鲜艳,美味佳肴,或船或轿,车马纷然,携男带女,庵堂游玩,折花捆柳,香烛炮仗、鲜花品果,不一而足。即使在清明这样的节日中,人们也要举家宴饮,互赠礼物。商家也在节庆日中伺机而动,清明冥钞,五月五卖花,七夕卖巧,夏季卖冰……按节而出,喧嚣于市。

图3-13 明代仇英版《清明上河图》,明代清明节时人们的现实审美活动异常丰富

---

① (清)张岱:《陶庵梦忆·西湖寻梦》卷一"越俗扫墓"条,张新科注,陕西人民出版社1998年版,第14页。

《金瓶梅》第四十三回写吴月娘在正月十五回请乔大户娘子吃灯酒是一次典型的物欲性审美。前三天就已经准备好了大架烟火和戏班子。到了日子，报子报贵宾即将临门，大门前厅便鼓乐齐作；主人迎进后厅，宾主叙礼入座，斟茶寒暄；然后客人赠礼，更换衣服，入卷棚品茗吃果；然后游览花园，开筵宴宾。席上主宾传杯递盏，席前佳人弹唱歌舞。一曲终末，戏班子上场，厨役连番进献美味佳肴。直到三更时分，客人尽兴而归，主人鸣炮相送。这种家庭宴乐正是晚明市井之风的写照。

（二）晚明市民审美的突出表现：长物为美

在中国古代文化体系中，儒道两家认为"物"是精神升华之障碍。《尚书·旅獒》说："人不易物，惟德其物。德盛不狎侮。狎侮君子，罔以尽人心；狎侮小人，罔以尽人力。不役耳目，百度惟贞。玩人丧德，玩物丧志。"儒家将"玩物""恋物""爱物"和"失志""丧德"联系在一起，警诫人们杜绝"物之恋"。道家老子讲"大音希声，大象无形"，庄子讲"游于无有"，对"物"持轻贱鄙视的态度。明代思想家则对之进行了辩驳。徐有贞说：

> 有玩物丧志者，有玩物得趣者。夫玩物一也，而有丧志、得趣之分焉。故善玩物者，玩物之理；不善玩物者，玩物之形色。玩理者养其心，玩形色者荡其心。然则君子之所玩，亦必知所谨矣。[①]

徐有贞认为不善玩物之人才会丧志，善玩物者则会得趣。焦竑说：

> 圣人制器尚象，其义深远……夫道无形，而器有象，如牺尊之重迟……黄目之清明，山罍之镇静，壶尊著尊之质朴，使人指掌而意悟，

[①] （明）徐有贞：《武功集》卷一"蒙学稿"卷，《文渊阁四库全书》本，上海古籍出版社2012年版。

目击而道存,皆有不言之教焉。①

　　指掌而意悟,目击而道存,玩物不仅不丧志,反而深藏道义;物以象存道,玩物可体道,行不言之教。

"长物"源自《老子》。第二十四章说:"曰余食赘行,物故恶之,故有道者不处也。""余食赘行"即长物,指非必需的多余之物。《世说新语》载"恭作人无长物",意说王恭生活俭朴,无多余之物。文震亨作《长物志》,"长物"即生活多余之物。晚明民风尚奢,赏物之风盛行,花木、水石、书画、器具、舟车、蔬果、禽鱼、香茗,日常所用,无不玩赏之。偶然对"长物"对象性的外观形式的把玩和鉴赏本质上属于艺术审美。如若日日对"长物"审美便不再是艺术审美,日日把玩便具有日常性,"日常"意味着生命、生活的不可或缺,"长物"成了他们生活的必需品和生命的伴侣。对生活必需品和生命伴侣的审美必带有实用性和与生活母体无法分割的整体性,因而日日对长物的审美便是生活审美活动。

以花为例。(晚明)谢肇淛《五杂俎》记载:

　　人生看花,情景和畅,穷极耳目,百年之中能有几时?余忆司理东郡时,在曹南一诸生家观牡丹,园可五十余亩,花遍其中,亭榭之外几无尺寸隙地,一望云锦,五色夺目。主人雅歌投壶,任客所适,不复以宾主俗礼相恩。夜复皓月,照耀如同白昼,欢呼谑浪,达旦始归,衣上余香,经数日犹不散也。又十余年,在长安一勋戚家看菊,高堂五楹,主客几筵之外,盆盎密砌,间色成列,凡数百本,末皆齐正如一,无复高下参差。左右顾盼,若一幅霞笺然,既而移筋中堂,以及曲房夹室、回廊耳舍,无不若是者,娈童歌舞,委蛇其中,兼以名画古器、琴瑟图书纵横错陈,不行觞政,不谈俗事,虽在画栏朱拱

---

① (明)焦竑:《焦氏澹园集》卷一"四序",明万历三十四年刻本。

之内，萧然有东篱南山之致。①

引文第一则故事谈到一书生爱花爱到终日与之相伴，却又不藏室独赏，而是开门相揖，与众皆欢。花与人皆进入一种亢奋、高昂、狂欢的状态。第二则故事谈到在北京一勋戚人家中赏菊。菊花种色繁多，令人目不暇接，名画古器点缀其中，观者情不自禁，会腾跃出日常而进入审美之境。程羽文在《百花历》（见图3-14）中详细记载了各月的花期。

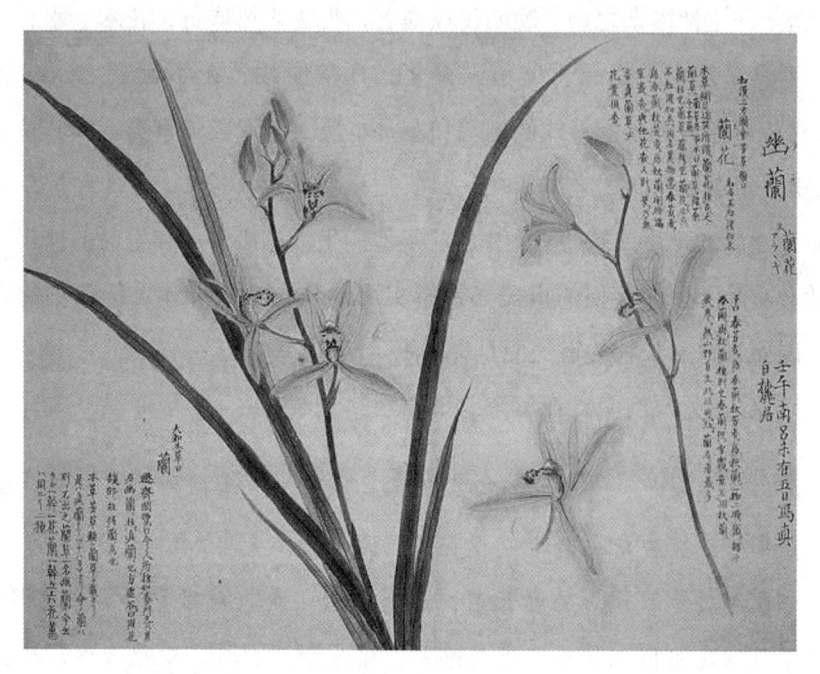

图3-14 明程羽文《百花历》正月：兰蕙芬，瑞香烈，樱桃始葩，径草绿。迎春初放，百花萌动

正月：兰蕙芳，瑞香烈，樱桃始葩，径草绿，迎春初放，百花萌动。二月：桃始夭，玉兰解，紫荆繁，杏花饰靥，梨花溶，李花白。三月：蔷薇蔓，木笔书空，棣萼韡韡，杨入大水为萍，海棠睡，绣球

---

① （明）谢肇淛：《五杂俎》卷十"物部二"，上海书店出版社2001年版，第206页。

落。四月：牡丹王，芍药相于阶，罂粟满，木香上升，杜鹃归，荼蘼香梦。五月：榴花照眼，萱北乡，夜合始交，蘠蘠有香，锦葵开，山丹赪。六月：桐花馥，菡萏为莲，茉莉来宾，凌霄结，凤仙降于庭，鸡冠环户。七月：葵倾日，玉簪搔头，紫薇浸月，木槿朝荣，蓼花红，菱花乃实。八月：槐花黄，桂香飘，断肠（秋海棠）始娇，白苹开，金钱始落，丁香紫。九月：菊有英，芙蓉冷，汉宫秋老，菱荷化为衣，橙橘登，山药乳。十月：木叶脱，芳草化为薪，苔枯萎，芦始荻，朝菌歇，花藏不见。十一月：蕉花红，枇杷蕊，松柏秀，蜂蝶蛰，剪彩时行，花信风至。十二月：腊梅坼，茗花发，水仙负冰，梅香绽，山茶灼，雪花六出。

如此详尽的记载充分反映了当时花市兴旺、人们爱花成风的情景。这种爱花成风属于生活审美，更精确的表述则属于消费性审美。消费性审美指侧重满足人们的审美趣味和审美需求的消费品。消费性审美往往会与炫耀型消费、纵欲享乐相关联。

对"长物"、对花的审美有时是市民阶层富裕后竭力向文士阶层、贵族阶层靠拢，提升社会地位、身份的一种手段和举措。这些具有直接社会功利性的活动是假象的艺术审美，本质上属于生活审美。而且这些带有消费欲望的审美活动通过消费行为获得审美快感，"长物""花"极可能仅仅是市民们消费行为的对象，而不具有审美的实质意义，这种略微异化的生活审美需要我们予以警惕。

陈嘉映说："对于热爱生活的人，简朴不是一种理想，而是一种需要。奢侈不仅需要花费精力去挣，而且需要花费心力去享用。奢侈和心智的贫瘠即使不成正比，也是经常相伴相生。"[①] 这句话陈嘉映虽然是在就希腊文

---

① ［美］伊迪丝·汉密尔顿：《希腊精神》，葛海滨译，华夏出版社2008年版，中译本序。

化进行阐释的，但依然适用于一切类消费性社会。商业的消费刺激人们追求奢侈的生活。奢侈的生活在许多情境中并不能产生审美的实践，反而会将其削弱。这是每一个类消费性社会都应警醒的。

第四节　浑朴浓情：农民阶层的生活审美

乡村农民阶层主要以土地为劳作对象，大自然的秩序就是他们的生产生活秩序。自然界强大的力量使他们必须付出诚实的劳动，容不得半点弄虚作假，这种劳作方式形成了乡村人质朴、诚恳、率直的特性。人际交往以血缘地缘、亲情为根本，个人品性以谦让和睦为主，生活物品的有限使他们日常生活以勤劳俭朴为标准。这些形成了中国农民淳朴重情的生活审美。

一　农民阶层的日常审美

（一）生产劳作美与手工制作美

对于农民大众来说，日常的审美实践突出表现在劳作审美。农民日常劳作以大自然为背景，蓝天白云绿野，风儿的吹拂、树枝的摇摆、花儿的芳香、鸟儿的鸣叫……这些都是农人劳作不可抹杀的存在，是他们生产劳作的一个有机组成部分，具有一体性。无论是刨地撒种还是插秧收割，弯腰起身筛撒切割，劳作本身的动作具有节奏感和韵律感（见图3-15）。这种节奏感和韵律感形成了农事劳作的动态美（尤其是一天的劳作刚刚开始，农人精力充沛时更为明显。在身体疲惫已极、活计还极为繁重时，劳作就不再具有审美性，而成为一种对农人外在的压制和束缚）。长期从事

图 3-15 农人劳作时的节奏和韵律美

各种农事活动使农民在农事劳作时各个动作都娴熟自如，身体各部分的配合和谐有序。娴熟自如的动作和身体各部分的协调配合使劳作有种舞蹈般的技艺美。例如农妇撒种，左手提篮右手撒种，右手重复着抓种、撒种的动作。与此同时，身体要跟随前面犁地的农夫匀速行走，眼睛要准确判断撒种的距离间隔。种子落地后有时还需用脚拨土将其覆盖。这种匀速行走、抓种、撒种、用脚拨土覆盖种子等身体行为自然流畅一气呵成。这些娴熟自如一气呵成的动作展示了身体的协调自如，类似现代意义的行为艺术。大型劳作时（如农事收割）人与人之间默契的配合展示着个体与个体之间相互认可的肯定性的人际审美（见图3-16）。劳作时人和牲畜的交流发出的吆喝声，人和牲畜辛苦劳作时的大声喘气声，脚步走动的声响，锄头撞击土地石块的声音，插秧时手脚触碰流水的声响，劳作欢愉时不自觉哼出的曲子……这些劳作时发出的声响和周围自然的虫鸣鸟叫、风声水声共同形成了一曲丰富多彩的协奏曲。这些丰富的声音立体、生动地

古代中国生活审美论

图3-16 采桑叶时人们的相互协作和相亲友爱

参与着农民的农事劳作，成了农事劳作审美整体的有机组成部分。劳作完成时对劳作后平整的土地或整齐的农作物的观赏又有一种劳作的成就感和伴随而来的自豪感。上述多层次多角度构成了内容丰富的农事劳作的审美活动①。

中国古代农民日常除农事劳作外，主要的活动就是手工业制作，对农妇来讲手工制作殊为重要，纺线、织布、缝衣、纳鞋不一而足。这些手工制作在练习阶段有种努力进步的奋进美，在掌握之后又有种飞针走线的娴熟协调的动作美。农妇们聚在一起剪裁缝制，有意或无意的比赛又有一种

---

① 需要特别指出，现实劳作中的审美（自我意识的审美、自我欣赏）多在劳作结束之后。农人劳作中最重要的部分依然是劳作生存性活动，审美属于生存性劳作活动的边缘部分，或仅仅是混杂于生存性劳作中的些微审美因素。在游刃有余的劳作过程中这种（自我欣赏）审美即使进入了主体的视野，那也多是伴随性的边缘意识，即"劳作行进中的眼角余光"。参阅《美学原理》编写组著《美学原理》，高等教育出版社2016年版，第94页。

· 198 ·

活力四射、热火朝天的竞技美。竞技中的相互学习不仅提高了这些手工制作的水平,而且有力地促进了人事的和谐。由剪裁技术发展而来的剪纸,由缝制衣物发展而来的刺绣,由冶炼农具、铸造炊具等发展而来的铁器瓷器等,手工技艺的高超及相关的审美意识的提升直接促成了中国剪纸、中国刺绣、瓷器制作等生活技艺美向纯艺术美的转化(见图3-17、图3-18、图3-19)。

图3-17 苏绣《荷花》,生动逼真

图3-18 画像石《妇女纺线图》,古代妇女的日常劳作,有时会转为一种生活审美活动

图 3-19 元代王祯《农书》中的秧马,是古代劳动人民为免除弯腰插秧的劳累、提高插秧的效率而创造的

（二）日常休闲与游戏

农事劳作美、手工制作美主要侧重农民的生产美,与生产美相连紧密的日常行为的审美也广泛存在。由于自然经济环境闭塞,生活水平低下,战乱频发,农本社会提供的审美实物又极为有限,导致底层民众在日常生活中的审美实践较为有限。古代中国人闲暇时期邻里之间来往走动、聊天闲谈时其中蕴含的情感交流和精神愉悦是日常审美实践的常见形式。底层民众聊天闲谈时使用的语言是一种较为粗俗的语言,这种语言经常会涉及一些性器官、性活动等。这种下里巴人式的语言源于古代祭祀活动的语言。这种语言具有贬低、扼杀和再生、更新之二重意义。底层民众（不论

男女）惯常通过粗语脏话来制造一种亲密无间的、自由自在的审美氛围。脏言粗语带给说话者反叛秩序、破坏既往存在的自由感。再者，脏言粗语也常能有力直击生活深处的丑恶而表现出一种力量感，带有自我完整性、包罗万象性和深刻性。这种语言本身的言说就是一种独特的生活审美活动。

漫长冬日或农耕闲暇时底层民众多以下棋、观棋及偶尔的看（唱）戏、听（说）书、斗鸡、赛狗、捉迷藏等方式进行审美生活（见图3-20）。下棋者、说书者及种种围观者，都是活动的参与者。这些活动有游戏的性质，无论是参与者还是围观者都有一种自由舒畅的体验，因而是一种审美实践。战国苏秦游说齐宣王合纵抗秦时，谈道"临淄甚富而实，其民无不吹竽、鼓瑟，击筑、弹琴，斗鸡、走犬，六博、蹹鞠"（《史记·苏秦列传》）。此处"吹竽、鼓瑟，击筑、弹琴"就是民众的一种生活审美，以自娱自乐的审美愉悦为主，不同于现代以表演为主的艺术活动。由于生活资料的匮乏，中国古代底层民众的日常审美多表现为简约节省、废物再用、不断翻新的特点。例如投壶游戏初为贵族所有，到明清时代为庶民所习。与贵族的游戏不同，在民众手中投壶游戏花样繁多，难度倍增。壶有倒放之壶、轮旋活动之壶。投壶姿态有双龙入海势、及第登科势、双凤朝阳势、背用兵机势、蛇入燕窝势等，身姿之美和技艺之美极尽其能，变化多端，趣味无穷。另有抽陀螺、踢毽子、七巧板等游戏，明代北方谚语用白描的手法描述了民众各季节玩耍的游戏活动："杨柳儿活，抽陀螺；杨柳儿青，放空钟；杨柳儿死，踢毽子；杨柳儿发芽，打板拔儿。"①

---

① （明）刘侗、于奕正：《帝京景物略》（明崇祯八年原刊），上海古籍出版社1992年版，第67页。

图 3-20　乡村看戏是农民很重要的一种生活审美活动

剪纸、刺绣、皮影戏等也是底层民众日常生活中的审美实践（见图 3-21、图 3-22）。在中国古代，剪纸是上至宫廷贵族、文人士大夫，下至市井商人、民间百姓男女皆可参与的活动，但农民的剪纸最为丰富多样、活泼形象、生动逼真，生活气息最为浓郁热烈（见图 3-23）。剪纸或张贴于门窗、墙壁，或点缀于礼品、祭品，皆为美化生活，是底层民众典型的生活审美实践形式。剪纸多用红色。红色在中国文化中是喜庆吉祥色。图案多为福寿神仙、吉祥花卉、喜庆文字等，寄寓康泰富贵、多子多孙、步步高升、安乐融和等美好生活期盼。因剪纸多在节庆时节使用，又需有高超的技巧，所以剪纸时人们心态平和而安乐、神情专注而恭谨，作品完成后自我多欢喜。南宋末年周密在《志雅堂诗杂钞》记载："旧都天街，有剪诸色花样者，极精妙。又中原有余承志者，每剪诸家书字，毕专门。其后有少年能于衣袖中剪字及花朵之类，极精工。"可知，民间剪纸艺人人数众多，技艺精湛。剪纸艺人展示高超技艺，欣赏自身劳作成果，自是审美；围观者观看剪纸者娴熟精细的手法和技巧，欣赏其作品的生动逼真、暗自学习艺人灵巧技艺也是一种生活审美活动。剪纸和皮影，一为静，一为动，因而具有更多的艺术表现力。皮影表演需有一定的舞台空间，所以皮影和现代意义上的艺术内涵更为接近。但表演皮影者多为农民，平日主要以生产种田为主，只在闲暇节庆日才"操起家伙"自娱自乐，多不以赚钱为目的，将其归为底层民众的日常审美实践较为恰当。

图 3-21　兴起于清初的陕西（今陕西渭南市华州区）华县皮影

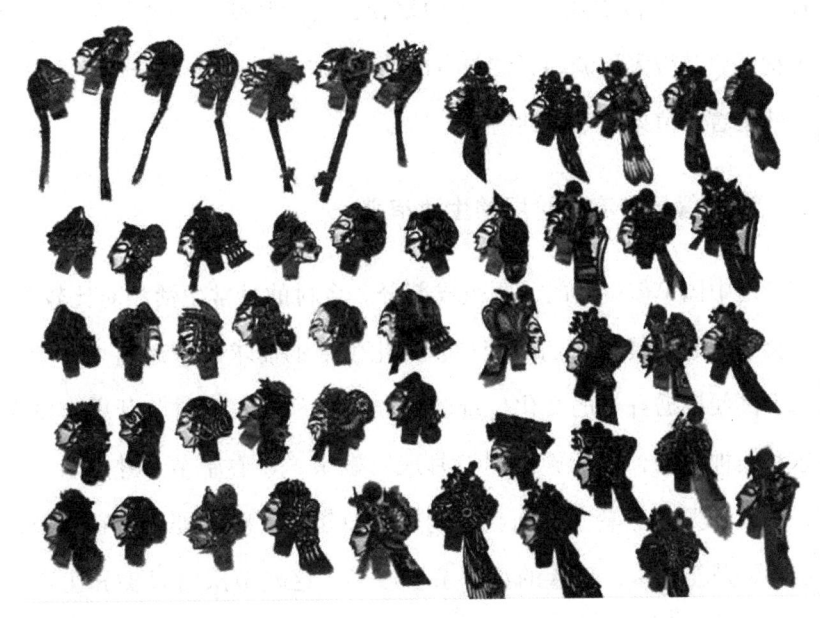

图 3-22　皮影戏在中华人民共和国成立前特别受民众喜爱，丰富的造型正是其受欢迎的一个表现

图3-23 剪纸胖娃娃,这是中国剪纸中最常见的一种题材,喜庆吉祥,直白地反映着中国人的现世生活之乐

此外,节庆假日时的娱乐活动(舞狮子、耍龙灯、放风筝、赛龙舟、打腰鼓、篝火舞等)或婚丧嫁娶时仪式典礼也是他们日常生活审美实践的重要内容。天子有大喜之事时大赦天下,则会有连续几天的狂欢。在这样的节日里,人们大口喝酒,在酒令中聚饮,大声呼喝,伸臂张掌,以为输赢,无拘无束,极大地调动了参与者的情绪,"只看今朝"的热烈氛围和生活气息营造着、渲染着审美的情境。

二 节庆假日与农民阶层的生活审美

节庆是中国民俗生活的重要组成部分。乡村的日常生活相对比较单调。随着社会经济的发展,人们对精神、文化生活的需求越来越迫切,于是各族劳动人民便根据自身的文化传统和民族特点利用农闲时节开展丰富多样的娱乐和娱神活动,如壮族的"三月三"歌节、舞春牛节、蛙婆节、请月神节,汉族的龙舟竞赛节、庙会,侗族的芦笙节、跳多耶、抢花炮节,苗族的苗年、芦笙踩堂,瑶族的盘王节,等等。这些节庆时日多和生产生活具有同步性,大多在季节转变的特殊时日举行,具有协调民众生产生活节奏和步调的现实作用。节庆假日为中国底层民众提供了表达情感和意愿的时机，是社会上层、下层沟通和联系的重要渠道。

　　春节是最重要的节日，在此重大节日里，祭祀祖先、礼敬尊长很隆重，需要斋戒、沐浴、静心。祭祖有感念先人，唤起同根同源之情，维护家族团结友爱，增强家族凝聚力，强调家族人伦道德，祈求祖先庇佑等功能。从审美实践的角度讲，岁时族人相聚，一起祭祖、拜贺、宴饮，这种有意识的群体活动可增进族人之间的情感交流，融洽邻里之间的日常相处。乡村家族（宗族）的祭祀活动重新温习祖宗祖训，教导族人与人为善，勤俭持家；对过往一年的族中事件作总结回顾，以汲取经验，传承生活智慧。这些作为族训中的正面能量可激发族人积极有为、奋发向上的生命之能，有种厚实刚健的生命美。岁时祭祖显示了家族强大的向心力、坚实的力量感和圆融的和谐美。但岁时的生活审美性并非仅仅限于此。

　　"中国通"明恩溥（Arthur H. Smith，1845—1932）用诙谐的语调说：猫被禁锢在牢固的阁楼里，鸟被打伤了翅膀，鱼被渔网捕捞，这都不能比中国人年节时不能回家更烦躁不安。年节要不远万里回家团聚，门窗锅灶上均贴上鲜红的对联，人人穿着崭新而鲜艳的衣服，围坐在一起享受美食。享受大餐是岁时庆祝活动的一个高峰，家庭中每个成员都对年饭充满了期待。专心品味放入口中的美食时更是大得其乐，平时回忆起年饭时也同样欢乐无比。年饭是在连串炸响的鞭炮声中进行的。噼里啪啦的鞭炮声让人们欢快无比，小孩们的嬉闹欢笑声夹杂其中，节日的喜庆感倍增（见图3-24）。祭祖活动虽是岁时庆祝的重要内容，却是一次就进行完毕，拜年的主要对象是生者。天亮起床是家庭内部的新年问候，吃过早餐后向村庄同族长者拜年，下午则是同辈相互拜年。其后的初二到初六，从外婆舅家到姑姨叔家，再到亲朋好友，一一拜过。每次拜会都享受丰盛的饭菜和尽情地娱乐。拜年不仅是岁时节庆的重要组成部分，在实际意义上就是新年。在这全国性的节庆期，人们可随心所欲地尽情娱乐，小额赌金的麻将或纸牌的赌博也得到长者的认可。

图3-24 年节生活审美之一:放鞭炮

社日是秦汉时期兴起的节日,是中国乡村社会的传统大节日。社日是以社祀活动为中心的节日,社即土神。《说文解字》记"社,地主也",《礼记·郊特牲》记"社,祭土",即社日源于古人农人对土地的崇敬和膜拜。《淮南子·精神训》载:"今夫穷鄙之社也,叩盆拊瓶,相和而歌,自以为乐也。"社日里最重要的是耍社火。从初七开始,各村落便开始筹划社火。社火乃村民自发组织、自筹经费、自娱自乐的活动。村民挑选村落中杂耍搞笑、口齿伶俐者,将笸箩往村中空地一放,村民们随意塞放银两以筹备经费。大家有钱出钱,有力出力,东村与西村对仗,上村与下村叫板,在两两相较中踩高跷、敲锣鼓、舞狮子、耍黄龙、举芯子、划旱船、扭秧歌、扎快活……形式多样、不拘一格。社火活动舞、扭、唱、说通俗自然，不求文雅，"灯官老爷""胖婆娘""卖货郎""贴膏药""巧嘴人"等组成社火身子负责串场，插科打诨、嬉笑怒骂，自由扭唱，力求古朴粗犷。锅灰抹面、朱砂涂唇、厚施粉黛，大红大绿、黑白相配，力求喜庆。十五、十六日演出时人山人海、拥挤推攘、热闹异常，将腊月二十三开始持续二十多天的年庆推到了高潮（见图 3-25）。

图 3-25　社火活动，村民自发组织，全民参与、文社武社，欢闹异常

节庆日也是狂欢日。但狂欢日不局限于节庆日。有中国特色的是当皇家有重大事情要庆祝时，如皇帝生辰或太子登基，便会大赦天下，大赦天下经常伴随着全民的狂欢活动。在具体论述中国民众的狂欢活动前，我们需要先简述一下西方的狂欢节。

（一）西方狂欢节

西方古代就有酒神节，酒神节是狂欢文化的典型形态。巴赫金、尼采等在研究酒神节和民间节庆生活的基础上提出了狂欢化理论。狂欢化是以"笑"为核心的。具有如下特征：

狂欢节是没有边界的，不受限制，全民都可以参加，统治者也在其中，所有的人都参与其中。狂欢节使人摆脱了一切等级关系、特权、禁令，它使人们不是从封建国家、宗教世界看问题，而是采取了非官方的、非教会的角度与立场，所有的人都暂时超越官方的思想观念，置身于原有的生活制度之外。同时，"狂欢节是平民按照笑的原则组织的第二生活，是平民的节日生活"，是生活的实际存在，是生活本身的形式。"是生活在狂欢节上的表现，而表现暂时又成了生活。"这样，它就创造了一个特殊的世界，"第二世界与第二生活"，类似于游戏方式，形成了一种特殊的"双重世界的关系"。

它采取了超教会、超宗教的处世方式，由于它摆脱了特权、禁令，所以在生活展现自身的同时，人们就展现了自己自身存在的自由形式。人这时回到自身，解去了种种束缚，异化消失，乌托邦的理想与现实暂时融为一体，这就是人与人的不分彼此，相互平等，不拘形迹，自由来往，从而形成一种人的存在形态、一种"狂欢节的世界感受"。

在街头、广场上的狂欢表现中体现出来的"这种狂欢节的世界感受"，显示了对人的生活、生存的一种复杂观念，如生死相依，生生不息，"死亡、再生、交替更新的关系始终是节日世界感受的主导因素"。这种节日的感受，显示着不断更新与更替，不断死亡与新生，衰颓与生成。在这里，"庆节（任何庆节）是人类文化极其重要的第一形式"，它总是面向未来。而官方的节日，则是要人们庆祝它的制度的天长地久，万世永恒，无例外地面向它的过去①。

上述引文论述狂欢的表征是喜悦和欢愉，其根本在于反抗权威，颠覆传统，剥离伪饰，展示生命的自由、人与人的平等、人类深层的博爱，是人性的全然释放。狂欢是群体的全民性欢庆，是与众人同乐，而非独乐。狂欢经常发生在四季轮回、生死交替之际，通过对死亡的认识，从而尽情享受新生之欢乐。狂欢时期，人们欢愉生命的方式主要是大肆宴饮和观看演出。节庆狂欢时的演出有强烈的游戏成分，非常接近后来所说的艺术。

---

① 以上部分摘录自［苏联］巴赫金《巴赫金全集》（第一卷），钱中文译，河北教育出版社2009年版，钱中文所写的序《理论是可以长青的——论巴赫金的意义》。

但"这一文化的基本狂欢内核完全不是纯艺术的戏剧演出形式,一般说也不能纳入艺术领域。它处于艺术和生活本身的交界线上。实际上,这就是生活本身,但它被赋予一种特殊的游戏方式"①。此段引文旨在说明,节庆狂欢无论是伶人(表演者)还是民众(观看者),他们皆是生活于其中的主体,是全民现实生活本身的另一种形式,是全民参与的生活自身的表演。节庆狂欢是生活审美。此处,"生活"成为审美主体。

(二) 中国古代节庆的类狂欢性

中国是否有狂欢节这一问题曾经引发学者的争议。有学者认为中国传统文化有极强的忧患意识,情感抒发又推崇中和之道,所以无恣肆狂欢的文化样态。有一些学者认为中国的正统文化虽然等级森严,人们日常要谨遵礼法,庄重典雅,但这种文化形态主要是在大传统中存在。所以中国也有狂欢节,原因有三:一则,底层小传统文化中人们和政府的关系非常松弛,政府对之往往是一种"鞭长莫及"的情形。二则,道家文化作为中国主流文化之一,各派都保留了狂喜迷醉的成分,这便是中国狂欢文化的理论形态。三则,中国"生于世,属于世"的深层心理意识也是中国狂欢文化重要的资源,所以中国也有自己的狂欢传统。笔者认为,中国底层民众的节庆假日也具有类狂欢性。这一判断基于以下六个理由:其一,巴赫金说"物质—肉体性"是狂欢节的一个主要特征,这种物质—肉体性体现在身体本身、饮食、排泄、性生活等。中国的节庆假日最主要的内容就是宴饮,宴饮就是关注身体本身。节庆假日间的性生活虽然由于礼教的束缚不再凸显,但在中国早期也是很重要的活动之一(参见下文分析)。其二,狂欢文化的主要特点是"笑",中国古代的节庆也有以"笑"为主要情感内容。其三,狂欢文化具有全民参与的性质,中国古代节庆也具有全民参与性。其四,狂欢文化的内容是包罗万象的,针对一切事物和人。中国古代

---

① [苏]巴赫金:《拉伯雷研究》,李兆林、夏忠宪译,河北教育出版社1998年版,第8页。

节庆假日中的活动也指向世间所有的人和事,是宇宙性的、整体的。其五,狂欢节的笑具有双重性,中国节庆假日也多在季节交替之时,同时存有对新生的肯定的笑和对死亡的否定的笑。其六,巴赫金说,狂欢文化在起源上与古代多神教农事型节庆活动相关,与时间有本质性关系,"都是与自然、社会和人生的危机、转折关头相联系的。死亡、再生、交替和更新的因素永远是节庆世界感受的主导因素"①。中国古代的节庆文化更符合这样的解释。上述文字旨在说明,中国底层民众的节庆假日与西方古代的狂欢文化有诸多相似性。但中国的狂欢活动不同于西方古代的狂欢节有三个特点:其一,巴赫金说在狂欢的节庆日中"民众暂时进入全民共享、自由、平等和富足的乌托邦王国"②,在中国古代即使在节庆日中等级制虽较日常有所松动,有坦率而自由的氛围,有温情和睦的关爱,但亲属之别、长幼之分依然相对比较明显,在一些方面依然是"违背节日的观念,肯定整个现有的世界秩序,即现有的等级、现有的宗教、政治和道德节制、规范、禁令的固定性、不变性和永恒性"③。其二,中国节庆中的"物质—肉体性"主要表现为大吃大喝的饮食,两性生活在早期比较突出,随着儒家教化的实施,这方面内容在节庆日上多以变异的方式存在甚至消失。其三,西方古代的狂欢活动多在竞技场、赛马场、圆形露天剧院或田野间,中国早期的狂欢活动多在郊野、河边、山林中,后来则主要在寺庙和街道上④。

(三) 中国古代类狂欢性节庆简史

在上古时期人们在仲春二月万物萌动之时,就会在水边祭祀生子之神"高禖",到河水中用兰草洗濯全身,清除污秽拔去邪恶之气("祓禊"),

---

① [苏] 巴赫金:《拉伯雷研究》,李兆林、夏忠宪译,河北教育出版社1998年版,第10—11页。
② 同上书,第11页。
③ 同上。
④ [美] 查尔斯·本:《中国的黄金时代:唐朝的日常生活》,姚文静译,经济科学出版社2012年版,第139页。

并到郊野嬉戏，还可与中意之人野合。墨子说："燕之有祖，当齐之有社稷、宋之有桑林、楚之有云梦也，此男女之所属而观也。"（《墨子·明鬼篇》）祖、社、桑林、云梦皆指仲春欢聚之地。《周礼·地官·媒氏》载："仲春之月，令会男女，于是时也，奔者不禁。若无故而不用令者罚之。司男女之无夫家者而会之。"说明当时仲春的聚会由国家下令举办，针对的人群是无妇无夫之青年男女，其目的是为了与天地合序、孕子生育。这种活动在各地举行并且参与者众多，一则由于国家强令推行，无故不参加者要受到惩罚；二则由于冬去春来万物复苏，民众自身也乐于在春光明媚的日子里欢聚玩耍，否则古诗中也不会频繁出现仲春上祀节众人欢聚的场景描绘。

在公元前221—前222年，秦始皇下令全国百姓都要饮酒狂欢，以庆祝他统一中国的丰功伟绩。到唐代，由于疆域辽阔、国家富裕，皇帝大赦天下举行全民狂欢的频率大大增多。628—758年，唐朝皇帝下令举行狂欢活动共计69次，尤其是武则天在位期间共举行了17次狂欢活动①。

南北朝时期佛教风靡，大江南北佛寺林立，"招提栉比，宝塔骈罗"②，无以计数。辜鸿铭说："中国道教与佛教的道观庙宇以及仪式、庙会，其消遣娱乐的功能要远远超过教化与教义。其触及的是中国人的审美观，而非道德或宗教感。"③ 此言判断极为准确。良辰美日，人们"雷车接轸，羽盖成阴。或置酒林泉，题诗花圃，折藕浮瓜，以为兴适"④。到四月初八佛诞日，信徒涌入佛寺中，浴佛、散财、放生、求子，当然最重要者是要舍豆结缘。这是一种宗教活动，但是联系到北方四月初八这一天道教和儒家的

---

① 参阅［美］查尔斯·本《中国的黄金时代：唐朝的日常生活》，姚文静译，经济科学出版社2012年版，第139页。
② （北魏）杨衒之：《洛阳伽蓝记》，韩结根注，山东友谊出版社2002年版，原序。
③ 辜鸿铭：《中国人的精神》，安徽文艺出版社2011年版，第48页。
④ （北魏）杨衒之：《洛阳伽蓝记》卷四"城西 宝光寺"，韩结根注，山东友谊出版社2002年版，第174页。

庙会（如祭拜牛、祭拜药王、祭拜关公等），可知这一日所进行的活动不仅是（类）宗教活动，更是中国式狂欢。人们以此为由欢聚在一起，车骑排比，持花成簌，白戏腾骧，梵乐法音，唱言佛国。

两宋时期礼法森严，元代又是外族统治，中国化的狂欢活动遂日渐衰退。

但是城市狂欢的衰减在偏远乡村地带得到了一定程度的保存。明恩浦说："从社会学的观点看，中国乡村戏剧最有意思的地方是它给人们造成的一种总体感受。这种感受略微有点像即将来临的圣诞节给西方小孩带来的那种感受……在中国观看戏剧的节日里，任何其他世俗的兴趣都得让道。"①乡村戏剧演出在哪个村庄一旦被确定下来，附近几个村庄所有的人都会充满期待，这个本村出嫁的姑娘总是带着自己全部的孩子提前赶回娘家，外村的男男女女、大人小孩都会借此来这个村庄的熟人或朋友家拜访：聊天、吃饭、过夜，看演出。乡村的学堂也要为此放假休息。戏剧演出前期村庄一片繁忙，"不但有大量的草席供应，而且村庄周边荒芜的地方也在短短的时间内一下子变成了暂时的新拓居地。剧场旁边，则搭起了许多草棚，作为饭店、茶馆、赌场等等"②。乡村戏剧演出一般以三天为期。在这三天中，所有参与的村民都暂时放下手头的劳作，整日整日地聊天、看戏、进食。小孩则在少见的庞杂的人群中追逐奔跑，嬉戏欢闹。刘华在《灵魂的居所》中也写道，戏曲演出不仅可以巩固宗法关系，更是宗族实力竞相炫耀的窗口：

> 哪个村子要做戏，头两天村人就倾巢出动，去邀请四乡八邻的亲戚，演出当天还要推着土车去接亲戚。一时间家家户户高朋满座，喜

---

① ［美］明恩溥：《中国乡村生活：社会学的研究》，陈午晴、唐军译，电子工业出版社2016年版，第48页。
② 同上。

气洋洋，（如）逢年过节一般；做戏时间少则三五天，多至十天半月不等，而且都是夜以继日，通宵达旦，来看戏的亲戚也就成了来做客的嘉宾了，盛情的杯盏中自然少不了微醺的得意；演员中若有自家的亲戚，见其唱念做打功夫十分了得，台下的亲人便会竞相点燃鞭炮，给其送上红包或布匹。①

这是乡村的狂欢节。虽然一年只有不定期的两三次，但身处其中村民的自由、欢乐、热闹丝毫不逊色。

中国古人观赏戏剧毫无疑问是人们一种现实审美活动，但这种审美活动比一般意义上的日常审美更具有特殊性。中国古人在观赏戏剧中潜移默化地接受并认可了"戏如人生，人生如戏"的生活理念。明恩溥说"中国人在心理上对实际的现实和理论上的'现实'不作区分"②，甚至乡村的士人也不能分辨事实与虚构、历史与神话之间的区别，这使得他们将"人生如戏"的思想慷慨地、下意识地、普遍地加以践行。事实上，中国古代人经常在生活中戴着身份角色的面具，这使得他们的日常言行都带有表演的性质。这种表演无意识中有限度地提升了日常生活事件。世俗与神圣的紧张关系在这种带有表演性的自我展示中得到了舒缓，或者说世俗和神圣在这种仪式性③的表演中各自得到了完满的实现，因而和谐共在。生命的价值和生活的意义在这样的细节和琐碎中昭然现身，人们可在这样的细节和琐碎中切身体验、充分感知生命之"在"。虽然有时不免虚假，但对于时时追逐"物"的现代人来说依然有一定的借鉴意义。

由于中国的狂欢有些与皇家大赦天下有关，为显皇恩浩荡、与民同乐，

---

① 刘华：《灵魂的居所》，商务印书馆2014年版，第281页。
② ［美］明恩溥：《中国乡村生活：社会学的研究》，陈午晴、唐军译，电子工业出版社2016年版，第47页。
③ 上古时期的宗教活动有强烈的仪式性。仪式性和宗教有着古老的亲缘关系，宗教神圣是仪式的基因密码。

皇家会拨发专项经费在街道种植榆树、槐树、樱桃树、石榴树等，搭建帐篷举办异彩纷呈的表演，装饰艳丽丝绸的大型花车或形式各异的旱船举行表演。伶人表演因不够稳重克己、不符合儒家礼教，在平日里只能在乡野间穿街走巷，但在此非常时段，伶人表演不仅能得到肯定，还可以此免除劳役，因而各处艺人争相前来各显其能。他们将拉花车的牛或驴披上老虎皮，或被打扮成大象，充满了喜庆的色彩。表演形式也是花样百出，喷火、吞剑、耍蛇、举重、唱歌、跳舞、高空杂技、登刀梯、各种幻术、驯兽等，不胜枚举，令人目不暇接、眼界大开。人们熙熙攘攘在人群中拥挤穿梭，美食的享受、感官的新奇、情感的热烈，为他人表演，也看他人表演，既是演员也是观众，是群体性的、全民性的生活审美活动。

（四）《诗经》与节庆狂欢

葛兰言认为，《诗经》的诗歌主要反映的是先秦时期人们的节庆狂欢。在先秦时期有两个重要的节庆聚会，一个在春季举行，一个在秋季举行。葛兰言认为无论在郑国、鲁国、陈国还是在王室，都有季节性节庆。他们主要进行采花、唱歌、跳舞、涉水、性爱等活动，秋季主要的节庆活动是登山和伐薪。春季是订婚的季节，秋季是成婚的季节[①]。春季的审美活动主要是庆祝万物复苏，男人要和万物一样劳其筋骨，开始到田间劳作；秋季的节庆审美则是要庆祝万物藏匿，男人们需回归家园，在家中养精蓄锐，以待来年。

> 他们（指中国古代的农民们）被牢牢地束缚在土地上；他们要靠亲戚的帮助来耕种土地；男人和女人有不同的劳动分工，并分开过着隔离的生活。这种家族集团和性别间的对立是社会组织的基本原则，

---

① [法]葛兰言：《古代中国的节庆和歌谣》，赵丙祥、张宏明译，广西师范大学出版社2005年版，第121页。

而分离原则只有在一些重大场合才能暂时缓和一下,在这些场合中,整个国家的人民聚集起来举办一个共同的节庆。

  在狂欢节期间,他们会暂时忘却单调而闭塞的日常生活的所有原则,他们意识到他们之间的亲和力,青年人相互约婚、成婚,而恋人们忧惧的苦恼此时也突然让位于深切的慰藉;他们的先前的情感越强,此时得到的反应就越烈。①

  葛兰言认为,中国民众在日常生活中有两种分离原则,即家族集团分离和男女性别分离②。男子在农忙时节,他们的活动被局限在家族耕地劳作之中;在农闲时节,他们的活动则被局限在家族村落之内。女子的日常活动则被限制在家族内部。在这样的共同体中,人们的日常生活是同质的、有限的、排外的。但在节庆时日,这种受限的生活状态可以得到暂时的打破,人们可离开他们狭小的地界、安静的村落和相对孤立的生活,不同家族的人们会聚集到一个神圣的地方,如山麓、丛林或河川等。在这个神圣的地方,人们相信通过和自然之物的亲密接触——包括爬山、在水中洗涤或游泳、采摘植物的茎叶花卉等——可以获得超能力,可以让作物丰收,让子嗣昌盛,可以获得幸福。另外,不同的家族聚集到一起经常要举行各种竞赛活动,如对歌、爬山、斗草、采花等。通过这些竞赛活动,人们可以打破在日常生活中由于家族和男女分别造成的隔离状态,进入一种亲密的关系。这种暂时的亲密而和谐的关系就是在竞赛(游戏、审美)的活动中达成的。并且这种节庆聚会也会进一步增强家族成员内部的认同感和亲

---

  ①　[法]葛兰言:《古代中国的节庆和歌谣》,赵丙祥、张宏明译,广西师范大学出版社2005年版,第123页。

  ②　费孝通、韦政通、葛兰言都论述了中国传统社会中的两性分离。两性分离是指男性和女性在日常生活中交流非常有限,男性和女性日常主要在同性间寻求情感慰藉。参见费孝通《乡土中国》,(台北)绿洲出版社1967年版,第43页;韦政通《中国文化概论》,吉林出版社2008年版,第276页。

密感，从而获得一种审美的体验。

葛兰言认为较为突出的是古代的八蜡节，"八蜡祭礼具有狂欢的所有特征"①。参与者可以肆意大吃大喝，人们随着节奏唱歌，敲打钟鼓，模仿猫虎等动物跳舞，或进行射箭比赛，是"包罗万象的、热烈的、戏剧性的节庆"②。此节庆最初与收获、狩猎密切相关，最后演变为用"八蜡"（八种不同的牺牲品）来祭拜和感谢先啬、司啬、百种等，祭拜和感谢"年""公社""祖先"，是"全面性的报恩"③。在此节庆活动中自然万物和人类社会进入了一种和谐统一的状态，世间万物都接受感恩和献祭，世间万物也均作为牺牲被献祭。八蜡节不仅是狂欢节，也是生之结束、死之开启之节日。在这个节庆后要百工休、"以息老物"，人们应蛰居在家中或村落里，休养生息恢复在农作之时耗损掉的生命本元。八蜡节不仅是狂欢节、生死日，也是自然和社会秩序之体现。中国古代的节庆多发生在农民节律生活的转折时期。在自然节令的转折时期生命活动也随之相应，生命节律和自然节律同进退、共生死，这是真正的内在和谐。由于八蜡节具有上述三方面的内容，所以八蜡节成了一个万物共庆的狂欢节日。狂欢活动的肉体感性愉悦凸显，但这身体的愉悦又可上升为心神的愉悦及人际、万物的和谐，因而也是一种典型的生活审美实践。

为何说《诗经》中的审美实践是底层民众的生活审美呢？《诗经》中感情的表达大多是非个性化的，场景也基本为田园乡村景物：湖海边、泉水旁、浅滩岸、高山上、深谷中、山坡下，过程基本为进行曲式的，形式也多对称和押韵。这些可判断《诗经》主要表达的是乡村的底层民众的生活审美实践。

---

① ［法］葛兰言：《古代中国的节庆和歌谣》，赵丙祥、张宏明译，广西师范大学出版社2005年版，第154页。
② 同上书，第155页。
③ 同上。

我们可以用葛兰言的一段话来总结中国古代节庆狂欢及其审美意义。西方宗教思想对其的影响在此段文字中或隐或现，但内容基本上还是比较可以信服的：

> 中国古代节庆是盛大的集会，它们标志着社会生活的季节节律步调。它们是与短暂时期相对应的，在这些时期内，人们聚集到一起，社会生活也变得非常热烈。这些短暂时期与漫长时期相互交替，在这些漫长时期中人们分散生活，社会生活实际上也处于停滞状态……而在这个时刻（指季节节庆）中，社会生活突然进入了一种高度紧张的状态中……他们突然达到了理想的和谐状态和最终的太平状态……它那超凡的强度，其庄严表现形式的威望，特别是它的成功和它的深远力量，将这种奇异的活动与日常生活中的活动区分开来。这种活动属于一种崇高的、非凡的秩序……①

上文从日常实践、节庆狂欢两方面论述了中国古代底层农民大众的生活审美，但不可否认的是他们更寻常的生活景象是住在"秃屋矮檐"的房屋中，整日"腰镰荷笠"种植农作物，在欸乃之声中日出日落。但正是这种粗陋繁重的日常反而促生了他们强烈的审美欲望并竭力在粗陋繁重的日常中寻找富有趣味的生活，并狂热而略带贪婪地体验和品味着生活本身蕴含的美。

---

① ［法］葛兰言：《古代中国的节庆和歌谣》，赵丙祥、张宏明译，广西师范大学出版社2005年版，第195—196页。

第四章　古代中国生活审美的现代转化

第一节　古代生活审美与现代日常审美的差异

古代中国生活审美与现代日常审美的差异主要表现在以下六个方面。

第一，古代中国生活审美的经济基础是小农经济，小农经济生产节奏的缓慢形成了古人缓慢的生活节奏。生产生活节奏的缓慢使古代的生活审美悠然而从容，身处古代的人们有时间、有精力与所遇之物细细交流，观摩事物外在之美，体玩事物内在之美。现代人身处后工业社会，生产生活快速急迫，没有时间，没有精力，也较少有心情去细细体验生活之美，匆匆观看事物外表之美而缺少对其内在本质美的探寻和玩味。

第二，古代中国生活审美具有一定的深度和厚度，但由于生产力水平的低下，尤其是交通速度的缓慢使人们的生活体验大多局限于特定的区域。即使商人或调遣的官员，甚至在古代后期出现的专门以旅行为人生目标的徐霞客等人，其足迹所到之处也是比较有限的。人们仰望星空，对宇宙和自然的探寻使中国古代有天人合一的超越的"形而中"的审美，但依然是较为有限的。全球化的审美则几无涉及，古人甚至一度天真地认为中国是

"地球之中""国中之国"。与之相比，现代无论交通还是通信都极为发达。发达的交通、通信使人们的出行更为便捷，活动范围因而大大扩展，全球甚至宇宙都能以比较容易的途径进入审美视域（不同于中国古代"宇宙美学"绚烂的想象和人为的猜测，现代的"宇宙美学"更多以科学的观察为基础）。发达的通信使人们远隔天涯依然能直接对话交流。影视网络等提供的视觉图像更是大大扩充了人们的日常体验。因此，现代日常审美范围极为宽广，对审美的体验更为丰富，着眼于全球的审美也使得日常审美形式更为丰富多样。比较而言，古代中国生活审美重视身心一体的体验，身心分裂使现代日常审美或过分强调身体感官的刺激，或过分依赖思维理性的探究和想象；古代生活审美更重视"质"之美，现代日常审美更重视"量"之美。

第三，古代中国主要生活在自然怀抱中。人们对自然怀着深厚的情感和发自心底的敬爱。人们模仿自然秩序建造人类社会秩序，在与自然的交流中获取身体和精神两方面双重的生命力。欣赏自然美，也欣赏人造美。现代人更多地生活在"人造社会"之中。人造社会指人生活于人造物包围的社会。人造社会中个体生存需要的所有产品均由世界各地的劳动者以及其廉价的劳动力生产出来，穿雪纺或化纤等人造材料做成的衣物，吃各种人工培育的食物（如各种转基因食品），出行乘坐的各种人造交通如自行车、汽车、火车、轮船、飞机等，人际交流使用的各种人造通信如手机、电脑等，日常使用各种人造物品如书本、背包、桌椅、钟表、盆碗等，甚至娱乐凭借的也主要是人类创造和发明的摄影、电视、游戏等。这些人造物堆砌在我们的生活周围无处不在。当然，这些人造物是人类文明的标志，每个处身其中的个体只要付出极为有限的报酬便可获得诸多的社会产品而得以便利舒适地生活。现代个体一天消耗的生活资料如果凭借个体自给自足地生产可能花费上千年的时间也不能获得。这使得现代人对人造美的欣赏要远远多于对自然美的欣赏。许多人更喜欢电风扇吹来的凉风,听人造的音乐,观赏人造的假花而很少在自然中感受山风的吹拂,倾听大自然虫鸣鸟叫的天然乐曲,观赏田野里雨中盛开的鲜花。我们在享受人造物的便利、快捷、简易又多样的同时,这些人造物也在逐渐吞噬着我们的人性。人类生产力的提高同时激发了人类的贪欲。贪欲使人们为了眼前利益的满足不惜一切代价去毁灭其他物种,甚至进行人类的自相残杀。"人造美女""人造器官"等出现使现代人越来越失去了个性而同质化。人造社会的基础是科学技术的发展,科技的快速发展使生产出来的人造物越来越注重其外形或材质的奇巧和新颖,较少注重内质的多样性和丰富性。中国古人对人造物保持着清醒的警觉,过分的技巧被斥之为"奇技淫巧"。时常赏玩奇技淫巧的人会被人指责为"玩物丧志"。现代技术发展造成审美对象繁多,超出了人类有限的接受能力,往往只能关注物华丽的外表而无暇玩味体悟物内在之美。浅表性的审美使人们对"美"怀有一种"亵玩"的心理、轻贱的态度,不予重视亦不予尊重。缺乏精神深度的理性追求,关注浅表的技巧的感官刺激是现代日常审美不同于古代生活审美的重要内容之一。

第四,古代中国的生活审美整体上讲重视伦理德性,强调以善为美,美善相合。虽然在特殊时期也出现过片面追求美的形式而对善的内容有所忽略,但很快就会引起人们的批判和否定而重新回归美善合一的主流。因而整体上讲古代生活审美以强调实用为美、美善相合。现代工艺的发展使实用性更为专一("专用"),以至于从专用性上几乎无法区分商品,更多的时候只有从审美性(颜色、质地、款式等)上才能对商品加以区分,因而整体上讲现代人更强调美之为美的形式性,美和真、善分离,美脱离了真和善而孤立繁荣。

第五,古代中国的生活审美侧重身处情境中的切身体验性,审美活动多在日常情境中展开。尤其是重视饮食的中国古人,在宴席上既有口舌之快感、嗅觉之美感,也有听觉和视觉的享受,甚至在通感中还有触觉的美。在日常情境中展开的现实审美具有全方位性和多层次性，在时间的过程中有鲜明的动态感。这种全方位、多层次、有动态感的审美活动可充分调动审美者的自主性、积极性，因而有利于参与者身心健康和谐发展的真正的审美活动。现代日常生活审美虽然同样具有情境性，但影视、游戏甚至购物等依托的互联网世界的虚拟性使得现代人在这些领域进行日常审美时缺乏切身的体验，更多需凭借相似性联想去感受。这些感受无法进入体验层，很难积淀并转化成个体审美的无意识，所以只能依赖强烈的感官刺激来"强迫"观众去进行审美活动。有强烈感官刺激的审美往往超过了身心肉体能承受的极限，因而不仅不利于身心的发展，反而会对身心造成损伤。从这个角度说，现代日常审美时常会发生与此类似的"审美的异化"。

第六，古代中国社会属于前工业时代，生产和生活诸领域并未分化，生产是生活的重要组成部分，所谓古代中国生活审美既包括生产劳作审美，也包括政治、宗教、伦理等审美活动。现代社会属于工业社会。工业社会的典型特征是诸领域的分化和各领域相关学科的专业化，所以现代意义上的生活范围是政治、经济、宗教、伦理、法律等领域之外的领域。古代中国生活审美研究的内容和范围要大于现代日常生活审美研究的内容和范围。古代中国的生活审美阶层分化较为明显，雅俗有别。现代日常审美几乎没有阶层分化，精英审美被融合进大众审美中并将其通俗化了。

此节论述古代中国生活审美与现代日常审美的差异主要目的是要借此比较来分析现代日常审美存在的问题，导致现代日常审美问题存在的根本原因则在于现代性危机。

第二节　现代性危机

"现代"一词含有鲜明的"价值判断"色彩，在一些学者看来"现代"一定比"古代"好。事实上，由于判断标准的不一致会造成"好"与"坏"的随意性。"现代"一词还富有一种"目的论"的意涵，好似任何社会发展的最后一个阶段就是现代社会；事实上，社会变迁不可避免，现代社会也仅仅是社会变迁中的一个过程。"现代"一词也含有一些"西化"的色彩，似乎说现代化就是在说欧美化，事实上欧美国家和其他国家一样，均处于现代化的进程中。上述三点也并非说"现代"这个词不可用，言语的约定俗成和交流的便利性使得多数学者依然在使用这一词语，只是我们在使用时应特别凸显它"中性"的价值立场、发展历程的进行时和世界性场域。

科技的革新是现代变革的直接动力。骤变的时代造成传统与现代观念的冲突，人们在新旧思想的冲突中承受着"价值困窘"和"情感困惑"。在此"困窘"和"困惑"中人们深切感受到自身既不生活在传统中，也不生活在现代世界中；既生活在传统世界中，也生活在现代世界中。文化脱序和失调变成了一种无法逃脱的此在。有些人则在唯利是图的欲望中同时抛弃了新旧价值而成为时代的狂妄之徒。在日新月异的物质生活繁盛的同时，现代之异化也层出不穷。下面分别从三个方面予以论述。

一　浅表性和消费性

（一）浅表性

马克斯·韦伯说，传统社会中人们花费大量时间和精力行事是为了实现某个特定的伦理道德或精神目标,如中世纪的基督徒遵从上帝之爱行事,中国古代的士遵从"仁"之原则行事;基督徒做事基于宗教信仰的终极价值,中国"士"做事基于天人合一的终极价值:这种方式是价值合理性(Wertrational)。现代人通过理性化的思考和行动行事,其目的是为了达到某个世俗的目标或实际成就。这种思考和行为模式是目的合理性(Zweckrational)。目的合理性往往臣服于各种官僚角色,遵从各个行业之规则法度,按照命令行事而非按照权威,专业化分工使我们对许多领域处于无知状态,这进一步加强了我们对各行业职员角色的屈从。现代社会的个体被理性化,同时被行规操控。与此相连,情感也被理性化和官僚化了,个体在各个行业中按照行业规范来表达情感。例如,医生应客观冷静,以便能精确诊断病情(而同时又要求他们有适当的同情心);航空乘务员应彬彬有礼又面带友好的微笑(经常是程式化的笑)的服务;站立街头的交警应体貌端庄、举止严谨,等等。商业规则以及与商业运行相关的货币金钱以非人格化的、正式的、瞬时的性质在人与人的交往中展开,银行职员或服务员在非人格化的或情感疏离的情境中与个体交流,职员或侍者与"我"的交流(包括职业化的笑和礼貌用语)仅仅是出于职业行规而非发自内心,因此难以让顾客真切感受到真正的人情温暖。

在古代,生产和生活处于浑然未分的状态。现代化进程使生产从生活中分离出来成为机械的操作,个体的日常生活也在很大程度上从熟人(同事、家人)的社会中分离出来而成为原子式个体的事情。个体的日常生活多用娱乐来填塞,好像不被娱乐填塞就会堕落到生活表面下的空虚。虚无主义在社会上盛行,他们从根本上否定真理、至善、正义等这些人类永恒的价值,把世俗利益当作最高人生理想,把肉体享乐当作人生最高目的,他们不认可良知的价值,也不遵循良知。

在现代,消费、金钱、商品充斥着社会生活,世俗化社会到处是王尔德所说的令人生厌的"事实崇拜",人的心灵、精神无处安放。尼采说上帝死了，福柯说人也死了。无数学者说：理性是监狱，语言是无意义的，历史是虚假的，知识是一种权利，本质是虚无，哲学应该消亡……否定、批评的声音不觉于耳。毫无疑问，批评否定之声自有其存在的意义和价值。如果没有这些思想家的振聋发聩之声，还会有更多的人在"铁屋"之中浑浑噩噩地生活。但是批判并非目的本身，批判之后更重要的是重建，这方面的理论却是比较有限的。

《鲁滨孙漂流记》讲述鲁滨孙在孤岛上孤立无援的境遇。这正是当代人的生存境遇。每个个体都被丢弃于世，他者均是陌生人，主体性无家可归，生命充满焦虑和不安，人生无向导致人处于漂浮而不安之态。人追求成为独特的彻底的个体，同时，人的个体性内在包含着社会的维度，因而敌视和怀疑社会与他人，个体与世界无法相容，与社会格格不入（"反社会的社会性"，参阅李猛教授的《自然社会》一书）。这种悖论使个体的生命向深度挺进，但又被相反的力量撕扯而在精神和心理上饱受折磨。

现代性使任何事物都不可保持其长久的稳定与安全。其深层原因在于现代性的时间是线性时间，线性时间执着于无限的未来。无限性会激发我们积极努力的生活意志，但个体生命的有限性又会有处于由无限未来产生的焦虑感。互联网的普及使现代人认识到每个个体都处于一个前所未有的庞大系统中。生存空间的无限存在导致偶然性的增大。个体渺小（首先是身躯的渺小，其次是能力的渺小）会对无限的空间产生畏惧感。时间和空间的无限性使现代人生活在焦虑和畏惧之中。这反转为抓住当下的享受。现代社会劳动工作的异化、人际交往的异化使人的自我生命受到种种的压抑，如身体的压抑、情感的压抑、心灵的压抑、精神的压抑。在工作劳动和人际交往之余，现代人退回家庭、大自然；在非工作时间里，现代人首先释放肉体的压抑，表现为感官的放纵：影片中频繁的暴力、色情、刺目绚烂的色泽、震耳欲聋的声响，广场上动感十足的"大妈舞"、以飙车为代表的对肉体生命的刺激体验等。

（二）消费性

第三章节讨论了古代中国商人阶层的生活审美形态是欲望享乐性。在古代中国后期，由于这种物欲享乐性需要大量钱财为基础，所以主要集中在市民阶层，但在现代社会，物质的丰盛物价的低廉使这种物欲、享乐、消费蔓延于各阶层的生活中。

马克思在《1857—1858年经济学手稿》中将社会主体的人的发展分为三个阶段：人对人依赖的阶段、人对物的依赖阶段、人的全面发展及个性自由的阶段。中国古代社会是典型的人对人依赖的阶段，所以人情才在社会中那般重要。现代社会可以称为人对物的依赖阶段。例如，手机在现代日常生活中占据着极其重要的地位，很多人都将手机视为自己的生活伴侣，24小时不离身。"万能的淘宝"成为我们的口头禅，"有问题找网络"也成为许多人的生活方式。人类生活离不开衣食住行等基本物质的保障，但当人类的心灵、情感、精神等需求严重依赖于物、须臾离不开高科技生产时，物就异化为人类的主宰者，人类被异化为物。这是由工业化大生产导致的。

工业化生产出大量的商品。人们的物质需求已经被满足。但商业运行需要消费来拉动，所以商家使用各种方式促使我们对他们提供的商品产生欲求：一是通过艳丽的色泽、夸张的造型、浓郁的香味等种种手段竭尽所能对产品进行包装美化，以吸引人们去购买（见图4-1）。二是通过发行广告，以专家（代表科技知识权威）的身份来解说，或者利用明星效应，或者通过创造一种高雅的生活品位诱惑我们去购买。李泽厚先生说当下社会是"四星高照"，四星指歌星、影星、球星和节目主持人。在四星崇拜的当代社会中，在欲望燃烧的浮华世界中，物质化和娱乐化呈现为夸张的势态。

图 4-1　现代物品均有华丽唯美的形式，以激发消费者的购买欲

物质化、娱乐化集中表现为消费性。人变成消费的存在，不仅消费工业产品，也消费肉体、灵魂、知识、文化。消费和需求本应出于自身内在的体验和感知、出于自身的需求，而在现代社会中商品和广告的诱惑经常会使我们丧失自己的主体性，丢失了感知自己需求的能力，需要广告和商品来告诉我们需要什么（当然，广告和商品告诉的需求带有极强的虚假性）；我们稍不留意就会丧失自己的判断力，广告、商品和推销人员就见缝插针地告诉你应该选择什么。古代社会商品以结实耐用为首要原则，商品使用时间的长短为其品质的主要判断标准之一：使用时间越长，品质越好。现代社会商家则以种种理由（过时、使用几个月就会产生大量病菌等）劝说人们快速频繁更换日常用品。生产创造消费者。传统社会产品是因为生活所需，现代社会生产商品虽也解决生活所需，但更主要的是基于厂商利益而生产。随着现代科技的发展、生产力的提高、物质的繁盛，人们对生活有了越来越繁杂多样的需求欲望。需求和欲望的物质性的突出使人们见面不再谈论宗教信仰、品性修养、雅兴趣味，而更倾向于谈论服装、汽车、手机的品牌和价格，旅游的费用和形式等。现代人更侧重于通过物质消费

的多少来显示个人的价值和能力。

现代社会崇尚科技。"科技是第一生产力",科学和技术受到现代多数人的膜拜。《庄子·天下》篇中讲到一老叟在用大瓮浇园,子贡见后问他为何不用水车,老叟回答说:"有机械者必有机事,有机事者必有机心。""奇技淫巧,典礼所禁",两千多年前庄子对技术的担忧和告诫在今天不仅不过时,而且更具针对性:技术的使用会诱使人急功近利、欲望膨胀,进而使心灵沉湎于物,一种侧重于体验、消费物质生活的"物化美学"[①] 形成。

在古代,经济基础对上层建筑的决定作用是幽微曲折的,经常要在长久的历史行程中才能实现其功能。在现代"经济对政治、文化各个方面和领域的'决定'性作用在今天也越来越直接、越明显、越凸出,'上层建筑'的相对独立性的强度越来越削弱"[②]。"在全球文化工业和信息资本主义的时代,与其说是物质基础决定上层建筑,不如说是上层建筑'崩塌'之后又归于物质基础。于是便有了信息产品、情感劳动和知识产权,经济大体上成了文化经济。文化一旦归于物质基础,就显现出一定的物质性。"[③] 这种商品生产、物质基础对人精神、心理、情感的直接决定性正是现代日常审美异化的突出表现之一。单纯凭借消费来表明个体能力和价值,正是对人主体性和全面人性的一种吞噬,我们对此要有清醒的认识。

二 急速性和虚拟性

(一) 急速性

现代社会变革速度极快。超速的社会变革大大超出了人类身体心灵接

[①] 参阅王一川《物化年代的兴辞美学——生活论与中国现代美学Ⅱ》,《文艺争鸣》2011年第1期。

[②] 李泽厚:《历史本体论·已卯五说》,生活·读书·新知三联书店2009年版,第27页。

[③] [英]布什、卢瑞:《全球文化工业——物的媒介化》,要新乐译,社会科学文献出版社2010年版,第10页。

受的速度，从而使现代人产生了极大的不确定感和焦虑感。汽车、火车、飞机，交通的便利加速了我们日常生活的运转，城市空间和城市生活均围绕公路展开，川流不息的汽车加速了人们城市生存空间的拥挤，使人们频繁地出现"交通暴躁情绪"。驾车者和乘车者专注于快速的行进而无暇体验周遭环境，身体被束缚于汽车空间之内而丧失了直接感知和接触周围环境的途径，绿色的乡村美景和繁华的都市景观被理性扁平化、抽象化为几何图样或符号图标。汽车将人们置于"保护罩"中远离他人，孤立的人减弱了集体感和伙伴意识，容易使温和的人变成好斗的、自私的人。高速行进的汽车隐藏的伤痛、死亡、血泊带给人的刺激、冒险成为现代人汽车审美的潜在存在。①

科技快速发展专业分工一方面加强了我们的工作强度，剥夺了劳作之美：我们在工作时长期重复做同一件事情，我们看不到最终的劳作成果，劳作过程之强化和劳作无直接可见之产品让我们对劳作充满了厌烦之感；另一方面大大缩短了工作时间，与古代相比，我们有非常宽裕的休闲时间（古代人的平均预期寿命远远低于现代人，在谋食生存上又花费了过多的时间，所以真正休闲的时间极为有限）。现代人拥有如此"过剩"的休闲时间却无所适从，更多的人在想办法消磨时间：睡觉、打电子游戏、急速旅行等。"有闲"通过"消费"来显现。消费性、物化的"有闲"不仅不利于身体的调养，反而进一步损伤了身体。这可以解释为何现代节庆假日结束后人们并非神采奕奕而是颓废萎靡地进入工作周。

现代人渴望欢迎甚至热烈拥抱着激变的时代，但我们的本性需求一定的稳定性及其带来的安全感，在激变中应有不变的、可以保留的东西，这样我们才会在与过去的联系中有根系、有来源。如若社会变革到完全消解

---

① 参阅［英］戴维·英格利斯《文化与日常生活》，周书亚译，中央编译出版社 2010 年版，第 59—83 页。

了过去的程度，我们会因无根之感而有在空中飘移的无所适从之感。宫崎骏在动画电影《天空之城》中用天空之城的坍塌告诉我们，无论如何，人类都不能完全脱离大地，只有脚踏实地，我们才能稳定持续发展。本性束缚着我们，我们不可能一直乘风破浪、勇往直前。也会时时回顾过往，回首生命之程，以抓住、存留生命之爱（广义的）。"瞻前顾后"是正常的生命样态，但在现代社会里，理性和情感对未来（"新""异"）的渴望和对过往（"情""生命"）的眷恋却从相反的方向强力撕扯着生命。在这种强烈的反向撕扯中，当下的情感和理智精疲力竭、无从立足。

（二）虚拟性

现代生活的虚拟性带来了现代日常审美的虚拟性。虚拟性和自由、想象等有着根深蒂固的联系，与虚拟世界相关的生活（在虚拟世界里生活，如网络游戏、网络种菜等）可以让主体有更为畅快、自由、刺激的情感体验，这毫无疑问是网络虚拟世界最大的审美魅力所在。但是这种审美魅力并不能否定虚拟审美存在根本性问题。

随着信息时代的到来，人们的生活被电脑、手机、电视、电影等电子产品填充塞满。随便打开这些电子产品，五彩斑斓的信息便会如潮汐般涌来。我们的身体器官无法消融这海量般的信息，便开始猎奇趋新：吸引我的标题点一下，不吸引我的直接忽略（编辑中有"标题党"一说，即通过标题来吸引受众）；即使点开链接，也是急匆匆扫视而过，甚至扫视都翻不到文末便将之关闭；我们喜欢看图片、视频，讨厌文字尤其讨厌艰涩的文字，但是对于精美的图片和视频依然是快速吞噬，甚至仅仅是收藏一下便置之不理，将硬盘当作大脑使用。多样化的信息没有开阔我们的视野，进而更新我们的思维，反而让我们深陷对信息过剩的厌烦之中。对于海量的信息，我们浅尝辄止或者根本无暇顾及。但我们躁动不安又无处着落，急急如斯却又所需不明。我们在工作学习甚至进餐休息——无论何时何地都携带智能手机,并时不时打开来看。智能手机将我们的时间和精力都碎片化,我们无法安心、专注、用力地做事。但手机不在身边又会使人陷入失魂落魄般惶恐不安的状态中。

观看电影、电视节目、网络小说是现代社会重要的日常(审美)活动。这些活动本身已占据了大量的休闲时间,但是人们还在网络中聊天交友,甚至在网络世界中恋爱结婚。人们通过网络上购物看病,通过网络游戏工作,通过网络赚钱消费,通过查阅资料学习,通过网络订餐在网络前睡觉,等等。凡是在现实世界中能做的事情在网络中几乎皆可进行。网络世界变成了现代人生活的第二个世界。其自由性、随意性、便捷性、开放性让人们好像拥有了前所未有的自由,"实践"了自我。但是网络本身具有的虚拟性存在无法抹杀:好友不见了,恋人失踪了,网银失窃了,网上订餐无下文了……网络的虚拟性极大增加了事情的可变性,这又进一步让人们体验并强化了不安全感。在中国文化中,自由与安全是二律背反(西方古代就较为追崇个体性,个体性在近代发展为自由主义,现代崇尚自由并以此为乐、以此为美,可见他们的自由之念具有传承性;中国因传统的承袭依然有强烈的安全的渴望,但西方现代思想的传入使现代中国人又有了强烈的自由之需,在社会变革之际二者的张力就格外凸显),享受自由便不可同时奢求安全稳妥,所以现代中国人之困惑与迷茫更为突出。

便捷的互联网改写了我们的交往方式。远隔万里我们依然可以看到对方的生活,我们点赞、我们评论,好像不曾远离。事实上,我们在互联网中只能看到对方片面的(虚幻的)生活,我们与对方根本没有日常的亲密交流,我们无法参与对方生活的日常情境中。我们看到对方和朋友聚会的欢乐,看到就餐的美食,看到他旅游的地方,但不知道他不发布这些图片、不上网的时候日常是怎样的,如何与周围人相处,如何处理生活所遇之事,如何排遣孤寂,如何享受愉悦等。我们通过互联网看到的对方的生活仅仅是他(她)想让我们看到的生活样态。

三 机械理性化

传统家庭逐渐瓦解，个体生活变为闲暇。但在科技和商业的操纵下，现代人工作时间、生活时间、闲暇时间全部被理性化。工作时间自不必说，我们在工作时要遵守各行业的规章法则，按照工作流程行为言语，按照工作所需穿固定的工作服饰，化妆工作，带职业性笑容（见图4-2）等，这均为理性化工作。生活时间里，我们购买回的所有物品都要仔细阅读说明书，按说明书之理性化指示使用；做饭时如何配料，蒸煮翻炒时间、火候大小掌握均要按照科学性程序和方法才能做出"好的"饭食；房间衣物清洗有各种专用的清洗剂和清洗工具，这些清洗剂和清洗工具均是理性化的实物呈现；睡觉作息要遵循10点上床、侧睡、手不压胸、不能面对面睡等种种规则，否则就休息不好，对身体发展不利：理性化原则是我们生活时间里无法隔离的此在。闲暇时间表面上是我们自己支配，但我们玩网络游戏要严格遵循网络游戏规则，观看电影时会受商家宣传左右，观看电视节目也受到电视节目背后制作法则的理性制约，旅游要按着规定路线在规定时间出行返回，健身要先检测自己身体的各项机能状况且在此基础上选择运动项目……在我们全部的言行中连细枝末节之处也受到常规程序制约，自觉或非自觉遵从理性原则。理性化生存让我们的生活千篇一律，虽少有交往，但我们住在建筑布局大同小异的城市中，穿着款式相似的衣服，吃着基本相同的速食，看着新上映的电影，玩着备受欢迎的几款游戏，说着相似的言语，看着同样的新闻……我们的生存样态同一化、标准化、死板化、机械化，成了类似的个体存在。这种类似性存在让我们身心窒息、自我丧失，变成了"常人"。表面商业繁盛多样的选择却遮掩着同一化、标准化、死板化、机械化的我们，无自我的我们随波逐流，有自我的我们又经常会在眼花缭乱的选择中丧失选择能力。

图 4-2 空姐的职业化服饰、职业化笑容

第三节 古代中国生活审美现代转化的可能性

重提中国古代文化并不是要复古,而是要在辨析、批判的基础上予以再生、开新。金耀基先生说中国现代化的目的有二:"一是使中国能跻身于世界之林,使古典的中国能够成功地参与到现代世界社会中去;二是使中国古典文化彻底更新,使中国古典文化能在未来的世界文化中扮演一重要的角色。"① 这一目标的设定极为理性。从年代学来看,世界各个国家均处于现代化进程中。现代化最终会形成融合了各国优秀文化质素的世界文化。中国现代化进程中中国文化对世界文化最重要的给予可能就是审美性生活的态度和方式。中国人有拿得起放得下的生活情调,有自然从容、舒泰闲

---

① 金耀基:《从传统到现代》,中国人民大学出版社 1999 年版,第 153—154 页。

适的人生哲学,有重视人世人情之生命情怀,有与自然亲和安适的宇宙意识。这些形成了中国古代审美的生活方式和生活态度。这种审美的生活方式注重在细微之处体验万物之情怀,注重在世间琐碎平凡之事中发掘生命之意义和价值。在物欲横流、崇拜金钱,科技专断、变革急剧的现代,整体观照而非条分缕析地重估中国古代舒缓闲适的生活节奏,超然无滞、质朴率性的生活心态有极为重要的现实意义。

需要特别说明,此部分内容旨在说明中国古代生活审美对现代危机可能性的补充或适当的纠偏,但并非说中国古代生活审美就是完善的、美好的、理想的(当然也不能说它是过时的、落后的)。中国古代生活审美过多地强调秩序次第并以审美为手段吞噬、压抑个人的主体性(如"礼乐制度"中的"乐"),极大地制约着审美意识的发展,在现代视野下应对其采取批判立场。但这种批判立场并不全盘否定中国古代生活审美,其实质是在客观、理性的审视中汲取中国古代生活审美中一些依然具有意义和价值的审美意识和审美实践,为中国现代美学体系的建构和中国现代审美实践注入传统的但依然具有现代性的审美血液。

具体说中国古代生活审美对现代人的审美意义主要体现在以下三个方面。

一 德性审美的现代意义

冯友兰说,中国哲学的永久性价值不在使人获得知识,而在提高精神境域[①]。"哲学的概念,如果身体力行,是会对于人的精神境界发生提高的作用。这种提高,中国传统哲学叫作'受用'。受用的意思是享受。哲学的概念,是供人享受的。"[②] 虽然冯友兰谈论的是中国哲学的价值,但美学是

---

① 参阅冯友兰《三松堂自序》,生活·读书·新知三联书店1984年版,第370页。
② 冯友兰:《中国哲学史新编》第7册,人民出版社1982年版,第240页。

哲学的一个分支学科，提高精神境域也是中国美学的价值和意义。生活审美是中国美学很重要的组成部分，修养身性是中国古代对人的基本设定，人格美是中国生活审美最为凝练之表现。宗白华说："中国美学竟是出发于'人物品藻'之美学。美的概念、范畴、形容词，发源于人格美的评赏。"① 人格美是中国古代上层社会（包括贵族和士大夫阶层，尤以士大夫阶层为代表）毕生的追求和向往。这种将人格美视为人生基本方向的设定有效提升了人们日常生活的境界，具有超脱性和审美意味。对历代艺术家的欣赏首先关注其人品和才情，人品高是画品高、书品高、琴品高的必要前提，这是古人的共识。他们将学问与修行紧密结合在一起，一个人是否有学问，首先要看你身性修养如何，如何处理与家人、朋友、亲戚等人的关系，这些关系处理得好，学问才可能好。所以他们在日常生活中，无论在待人接物时还是在一人独坐时，时常会有意或无意地直面自我，进行自我反省。以贵族和士大夫文人为主的上层社会主流价值观即尽可能完善自身的身心修养。读书做官如是，人事来往、吃饭穿衣亦如是。内在德性需借助外在言行才能切实存在。德性越坚定，外在言行就越有生气。

中国古代上层社会的身体力行和竭力倡导，在社会上普遍形成了一种主流的重视人格修养的社会风尚。这种主流的社会风尚通过种种手段（书院教育、社会教育如科举制度、家庭教育）将其有效贯彻实施②，下层社会有意或无意接受上层社会的教化而将其内化为自身的认知图式（典型如"孝""义"）并身体力行地实践，达到了一种"百姓日用而不知"的状态。士大夫阶层和工商阶层的融合（"士商一体"，以徽商为代表），士大夫阶层和农耕阶层的紧密关联（"耕读传家"）使文士阶层的思想意识在市井商人和农民大众中广泛传播，并获得了更为宽广的实践空间。有些市井商人和

---

① 宗白华：《美学散步》，上海人民出版社1981年版，第178页。
② 孔子弟子三千广开教化平民化之路，陆王面对社会大众讲学承继其后，平民主动观赏戏剧、听说野史等，这些都极大地促进了德性伦理的普及和实践。

农民大众对自身人格的修养是无意识和不自觉的。尤其是农民大众，他们的价值基础依托于"地缘"和"血缘"。"地缘"和"血缘"结成的熟人社会的监督和看管也有效保证着个体行为的人伦性，"地缘"和"血缘"更赋予农民生活充足的意义和价值。这种生活意义和价值经常通过"面子"和"名声"这二者表现出来。"有面子""好名声"虽关涉物质生活，但德性伦理无疑是其核心要素。中国传统家庭教育的有效性更强化了子女晚辈围绕着"孝"来践行其他人伦。质言之，身性（行）修养不仅是上层社会人生之目的，也是底层社会一些"粗鄙之人"崇尚并在日常中奉行的原则①，是古代中国全民性的人生预设。

这种将生命重心放在人格修养的设定使中国古人对世俗生活的关注不会过于直接而狭隘，重生文化的践履便伴随着一种豁达、淡然、超脱的心态（虽然不同阶层和不同个体程度会有不同）。明恩溥说中国读书人有这样一种才能，即他们差不多总能将自己从环境中完全隔离出来②。这种心态具有审美心态的特性。此心态可适当减弱日常生活的沉重和贫乏，适当提升、解放蒙染尘埃的心灵和情感，从而使现实的日常更有审美意味。

美国心理学家马斯洛（Maslow）描绘了"自我实现者"的一些特色，以下八点和中国古人的生活状态极为相似。

> 他们能够接纳自己、接纳别人，也能接受所处的环境。无论在顺境或逆境之中，他们能安之若命，处之泰然。虽然他们不见得喜欢现状，但他们会先接受这个不完美的现实，然后负起责任改善现状。
>
> 他们单纯、自然而无伪。他们对名利没有强烈的需求，因而不会

---

① 中国古代狭义的德性修养即五伦，广义的德性修养则是指"与天地参""逍遥于天地间"。在贵族阶层和文士阶层，广义的身性修养更有践行的空间；在商贾阶层和农民阶层，狭义的德性修养则比较明显。

② 参阅［美］明恩溥《中国乡村生活：社会学的研究》，陈午晴、唐军译，电子工业出版社2016年版，第83页。

戴上面具，企图讨好别人。

他们享受独居的喜悦，也能享受群居的快乐。他们喜欢有独处的时间来面对自己、充实自己。

他们不依靠别人满足自己安全感的需要。他们像是个满溢的福杯，喜乐有余，常常愿意与人分享自己，却不太需要向别人收取什么。

他们懂得欣赏简单的事物，能从一粒细砂想见天堂，他们像天真好奇的小孩一般，能不断地从最平常的生活经验中找到新的乐趣，从平凡之中领略人生的美。

虽然看到人类有很多丑陋的劣根性，他们却仍满有悲天悯人之心、民胞物与之爱，能从丑陋之中看到别人善良可爱的一面。

他们比较民主，懂得尊重不同阶层、不同种族、不同背景的人，以平等和爱心相待。

他们的衣着、生活习惯、方式、处世为人的态度，看起来比较传统，保守，然而，他们的心态开明，在必要时能超越文化与传统的束缚。①

这种仁爱、豁达、纯净、卓然的生活心态对我们今天过于强调功能性、实用性、工具性、感官性的生活有重要借鉴意义。中国传统有一条主脉即"用非常态的眼去看常态生活"。此"非常态的眼"指非实用的、超脱的、带有审美性或伦理性的心态去审视或观照日常生活。中国古人重视物却不滞于物，看透了世事无常却又尽力在无常世事中深挖其存在之美，他们以富有哲理性的善或美之理性和情感在精神和心灵层面上超越日常，这种精神和心灵提升了简单、日常而琐碎的生活。用非常态的眼去看日常生活，日常生活便成了一个整体，一个大的艺术品。所以，他们的生活虽然简单

---

① 参阅［美］亚伯拉罕·马斯洛《动机与人格》，许金声等译，中国人民大学出版社2013年版，第138—161页。

却并不粗鄙，点缀和装饰（如窗花剪纸和衣物彩绣，中国传统中，常态的生活中就贮藏有许多艺术品）更使日常富有了艺术性和审美性，他们善于捕捉生活中精美的瞬间，并且顽强地将其深藏于记忆深处，温暖日常，过情趣人生、审美生活。他们身在万物之中，心却在万物之上。他们在平凡生活中寻求神秘品格，在世俗情爱中追求入圣超凡，在生活本身中寻求生命意义和价值。实用理性之于生活是一种策略和智慧，但超乎实用之上心灵的淡泊、人性的至重则解放了实用的沉重和下坠。对人性的关注和追求使他们有种积极向上的生活品质。他们咀嚼着世事艰险，却依然一往情深、爱之恋之，用精神的丰盈或超然对抗现实提升日常，以优雅的姿态、审美的心灵过平淡的日常并专注于世事中的美好。

德性审美虽然对现代化进程有借鉴意义，但古代中国的德性更多与"五伦"相关。现代社会要借鉴古代社会的德性审美，首先需准确辨析界定"现代德性"的内涵。只有将现代德性的内涵予以明确，现代德性审美才有可能。但德性内涵的确定只是德性审美的第一步，在现实中德性审美的践履还存在诸多困难。现在图像时代注重"看脸"，容颜的俊美甚于心灵的丰满，人们将过多的时间精力花费在整容化妆上，却只花少量的时间和精力培育保养心智，即使有德性美的人是否有能力进行欣赏依然是一个严峻的问题。国家社会导向有意无意地以经济发展、人均国民收入为人们生活幸福的重要指标，缺乏强有力的政策倡导人们尊重知识文化，缺乏系统有效的措施提高人们欣赏德性美、人格美的能力。这些都是古代德性审美现代转化面临的不容忽略的问题。这些问题的解决绝非朝夕之间，需要国家政府长期大力地正向倡导和人们有意地对自身性审美的培育才有可能。

二 情本体的现代意义

中国古代是个重视情感生活的世界，情感是中国古代人性中较为丰满的一个组成部分。传统社会人们见面习惯问"吃了吗"，问者并不关心所问者是否进餐，而是想通过这种问候表达一种友好的态度，是对彼此融洽、和谐交往的一种确认和维系。"山静似太古，日长如小年"，情感化的时空有力地构建了中国古代的生活审美。

何谓情？《礼记·礼运》曰："喜怒哀惧爱恶欲，七者弗学而能。"七情和仁义相连，"何谓人义？父慈，子孝，兄良，弟恭，夫义，妇听，长惠，幼顺，君仁，臣忠，十者谓之人义"。十义"弗学而能"，学之则可使动物性七情变为人类人世之情。此情是建基于欲望但又超越欲望的情，非宋儒、新儒所说的先验道德之情。这经过了人性驯化而积淀成人情包括亲情、友情、爱情、人际关系情、乡土家园情、集体奋进情、科学艺术情。个体动物性、生理性的情感在人世教化中人化为人情人道。人道也是天道，所以郭店竹简说"道由情出"。人有人情，物有物情，情在某种意义上说是中国古代世界的存在本体。因着这情本体，人们之间密切而又温馨，人世和人生也因此让人眷恋不舍。

重情在儒家显现为重视人情。这种人情侧重于亲情和友情，尤其是亲情。血缘亲情是他们生存的根本，对家族和亲人深沉的爱让中国古人以坚韧、勇敢的精神应对世事风云。不仅儒家重情，道家也重情。重情在道家显现为"真性情"。真性情是对个体生命本真的尊重和认可，是对自我的确证和肯定。他们在日常生活中尽可能遵从自己的情趣和爱好做事并在此过程中获得愉悦。他们保持着生命的本色，安静聆听自己的生命，也聆听他者的生命，用滋润柔软的心灵容纳浮躁的红尘，此即"恒物之大情"。儒、道重情，禅宗也重情。佛教是去情论、无情论，认为情乃人世苦难之根源，"去情""无情"就可去除苦难达到涅槃。但佛教中国化产生的禅宗则在佛教的无情世界中加入了些许的情，所以重情在禅宗显现为无情而有情。表面上作为佛教一宗的禅宗依然倡导"空""无"，但经过中国化的禅宗则在"空""无"中融入了"有"。本体之"空""无"在当下之"有""情"的境界中，物之有、情之有均不再沉滞而厚重，物情、人情均因着这片刻和短暂获得轻灵和超脱。

现代社会的"物崇拜"和快节奏生活有力冲击着人类的情感世界,人情变得越来越稀薄,越来越单一。人情的稀薄单一直接导致物情的片面单一和滥用,即人类无休止地对物的占有(而非欣赏共存)带来的一系列生态问题。人情、物情的异化是人之异化的突出表现。在此情况下,重返古代,汲取古代对情本体的智慧就显得尤为可贵。

随着现代化进程的加快,中国传统式家庭正在逐步瓦解或即将消失。但家庭即使消失也不可能灭除情对于人的本体性存在。家庭除却人类学上的血亲和种族传承之意,内在根基与以下两点相关:其一,个体对身心稳定感的追求;其二,猿猴群居性生存内在需求与其他猿猴的亲密感,从猿猴进化而来的人类对同类他者也有一种亲密感的追求、渴望与之相关的类的温暖。身心稳定感和温暖亲密感的内在需求是家庭长期存在的内在根据。中国传统大家庭业已瓦解,但是这种瓦解在某些方面有复苏迹象。典型事例是有些外来务工者在大都市生活由于生存的压力姐妹或兄弟集资买一套大房子。虽说由于种种条件限制这种情况不具有普遍性,但依然是研究者值得重视的一种新情况。更为普遍的情况是居住在一个城市中的亲戚朋友聚居在一个小区或在相邻片区购房,以期彼此(在情感上和生活上)相互照应。这亦可视为传统家庭在现代的新形式。中国政府在2014年放开二胎生育政策(预计在不久的将来生育政策会在更大范围内放开),这也是对中国传统家庭制度中"兄亲弟爱"之情的维护和倡导。即使在现代,不管是在乡村还是在城镇,家庭、邻里纠纷的处理仍需长者出面,长者在其中依然起着协调和润滑作用(中国人在现代社会中依然很少去法院解决家族、邻里纠纷)。身处异地的亲人逢年过节时晚辈也会尽可能回家看望长者(年纪越大越是如此),长者在晚辈情感交流中依然具有一定的凝聚力。上述两点均显示着古代中国尊老、敬老意识在现代社会夹缝中依然存活的事实。长者在家族中的协调润滑和凝结聚合作用是中国传统血亲伦理现代转化的可行性依据。现代西方一些发达国家也越来越强调家庭亲情,下班以后尽量陪伴家人,尽可能和家人一起过节庆假日也成为西方现代家庭文化的重要内容。影视中法不容赦、罪大恶极的犯罪分子少有例外地将其设置为慈爱的父亲或视爱情为生命的重情男子,观众也因主人公对家庭、恋人的情爱而暂时忘却了其犯下的罪过(《越狱》是兄弟情,《机械师》是父女情,类似者数不胜数),这充分说明了西方现代社会对"情"的重视和倡导。处于现代化进程中的中国,部分个体已经重新意识到家庭亲情在人生意义和生命价值中不可或缺的重要性而开始从工作事业中回归。当然,这种现代意义上的家庭已经在很大程度上消除掉了传统家族等级的伦理而凸显出相对平等、独立、自由的个体间的亲情之爱。上文旨在陈述中国传统家庭亲情向现代家庭亲情转变的潜在契机。

中国传统有较浓厚的乡土意识。这种乡土意识在中华民族情感领域积淀、凝练为乡土情怀。乡土情怀有两部分内容相互关联:其一,对家乡乡人之爱。对家乡乡人的情感实质是对邻里亲情的关爱。城市市民阶层无论是喜欢听曲看戏,还是喜欢赌博嫖妓,凡寻求同一种方式享受生活的人总会聚在一个固定的地方。日久天长这些不同的嗜好和性情印记在不同的区域而使这些区域发展为特点鲜明的胡同小巷。胡同巷子里相邻而居的人们世代相邻,家家知根知底,因而无从遮掩,需以诚相待。一些共同的利益使邻人间亲密无间、互帮互助。乡村中邻里之间由于农事互助所需来往频繁。所以无论城市乡村,每到时令节序,邻里间就相互祝贺,以果、茶、饼、肉等饮食遗赠互访。"善会""约"[①] 等以乡亲

[①] "约"是邻里互助的社团组织。遇到婚娶或丧葬费资颇多之事,团内每人出银若干,购置缞麻重服及期功缌麻等物,放置柜中,交由约长保管。约中人有人办丧事,将物抬至其家。事后收回。他家有丧,除衣衾棺椁由丧家自办外,其他设斋、立灵、铭旌等应酬,由约中人代办,丧子执杖哭泣即可。参见徐渭《四礼议》,(清)黄宗羲编《明文海》卷75,中华书局1987年版,第704页。

为基础组成的互助团社更为典型地体现了邻里间的关爱之情。甚至连"打网义"①这种渗透了"利"的邻里交往形式也贮藏着浓厚的邻里温情。孩童时一起玩耍嬉戏的小伙伴的友爱,邻家叔伯爷奶关照的慈爱,滑稽可笑之人带给童年的欢乐回忆均构成了传统乡情的丰富内涵。现代城市人们在房屋居所上毗邻而居,然而邻里之间既无密切协作,又无亲密的交往、出游,更无心理空间上的近邻群体意识。邻里情的空缺是乡情缺失的表现之一。各大高校大大小小的老乡会,部分成人也以不同方式成立乡友会,则是对拥有乡情的渴盼和努力。老乡会和乡友会旨在增进同乡之人的乡情,是现代都市生活情感的重要支脉。其二,对家乡山水的爱。孩童时嬉戏的小河,荡秋千的大树,捡拾果实采摘花草的田野等都是我们美好的回忆和眷恋。这种山水之情不同于天地之爱。天地之情是人对天地养育万物、生生不息之生命力的赞叹、敬重和感恩,乡土之情是对曾经给个体带来生命欢乐的情境空间的眷恋和思念。衣锦还乡或叶落归根均为中国古代生活常态,客死他乡魂归故里则成为乡土情怀的极致表达(见图4-3)。现代社会进程中村落的逐渐消失、乡村生存的困窘、乡村生态的恶化进一步激发了人们的乡愁意识,乡土情怀也因着这乡愁意识而愈加彰显,春节后微信群关于归乡主题文章的大量涌现便是证明。乡土情怀和童年生活、自然山水等问题的相互纠缠使其更为复杂。中国传统的乡土情怀在现代转化中已自觉剔除了宗族等级的内涵而表现得较为平等和自由,但村落生存危机相关的乡愁和传统积淀的乡村的美好依然是乡土情怀现代性生成的核心内容。

---

① 明代正德、隆庆年间在河北保定盛行。借寿辰、生子、暖房、贺字、告助为由举行宴请向亲友邻里筹集钱财称为"打网义"。

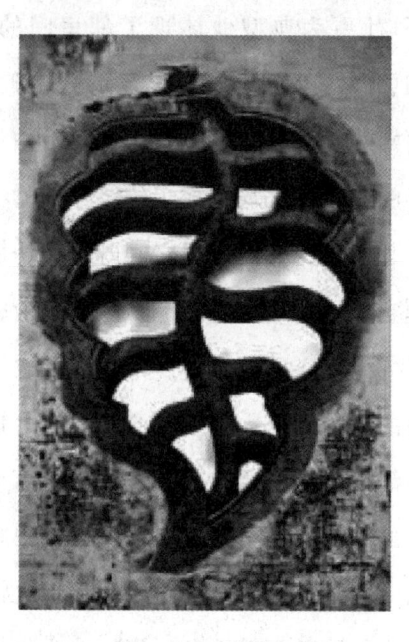

图4-3 安徽黟县西递古民居东园上的叶形漏窗，有"叶落归根"之意

家国情怀是集体情感的一种表现。这种集体情感是中国古人生活、情感、人生意义和生活价值的重要归依和依托。岳飞的词《满江红》和陆游的诗句"家祭无忘告乃翁"，辛弃疾、杜甫等无数志士仁人对国家危亡的深情今天读起来依然让我们激情澎湃热血沸腾。中国共产党带领中国人民浴血奋战抵抗外敌入侵收复山河，并不断探索让中华人民共和国在今日世界格局中占有一席之地，根底的情怀便是家国情怀。"红色经典"成为中国影视的一个类型片，背后支撑的依然是家国情怀。英国BBC拍摄的纪录片《中国新年》，涉及世界各地华人在春节之际共同庆祝，这也是远在外乡的华人表达的家国情怀。中国居民外出访学或旅游，回来便爱国之情高涨，其家国之情却也不容忽视。可见，家国情怀并不过时，反而依然具有强劲的现代性。当然，家国情怀和世界公民之理念并不冲突，强调民族性也并不是保守自闭，民族文化根脉的存继正是全球化进程民族国家存在的必要前提。

除了亲子夫妇情、故里乡情、家国情怀、朋友情、人生往事缱绻之情等各种多样、细腻、丰富的情感也将长期与个体生命历程相伴并作为生命意义和价值的有力支撑。现代性健康情感和健康人性的形成如若能很好地借鉴中国古代对亲情友情、旧情新情等方面问题的思考和实践，其行进步伐将会更为顺畅。

古代中国的人情之美以"血缘""地缘"亲情为主。"血缘""地缘"亲情背后隐性存在着荣辱一体、福祸相连的物质利益，物质利益的共进与退在一定程度上可以说是血缘亲情、地缘亲情的内在枢纽。现代社会人情的稀薄很大程度上在于血缘、地缘共同物质利益在某种程度上的解体。这一原因引发了以下两种情况：第一种，人们更倾向用金钱和个人能力来解决问题，而不太倾向以人情来解决问题。事实上，人情稀薄也不再能为问题的解决提供坚定的力量。即使人情稀薄，血缘亲情、地缘亲情也依然存有一定的空间。剥离了阶级伦理的亲情在现代社会更为可贵，依然是现代人现实审美不可或缺的存在。上文列举的影视英雄重视家庭、姐妹兄弟喜欢在相邻小区购房以便相互照顾即是例证。第二种，没有物质利益支撑的人与人之间的情感更为独立而自由。这种独立而自由的人与人之间的情感在本质上更趋近于审美的本质，即主体与主体之间精神心灵的交流和欣赏。现代社会人际交往的危机在于人们进行情感性的交流和沟通极为有限，甚至有意、无意地拒绝彼此间的交流。这一事实给本应趋向真正意义上的人际审美和人情美带来了极大的困难。这一难题具有时代性，有待诸位学者和志士仁人进一步研究和探讨。

三 节律仪式美的现代意义

王尔敏说，中国民族文化最重视生活起居活动之节奏[①]。明恩溥也说，

---

① 王尔敏：《明清时代庶民文化生活》，岳麓书社2002年版，第21页。

中国人的日常生活平静而有序①。的确，中国古代的生活节奏感鲜明。在远古时代，人们使用的"火历"已经将太阳起落为一日作息之节奏。夏历则明确规定一年十二个月，并且详尽地记载了每个月生活活动物候的现象及与之相应的人们的渔、猎、农、牧等生产活动，可见当时民众已有完整的规律性生活节奏（参见《大戴礼记·夏小正》）。有周一代，即使一个商业活动，节奏感也是极为鲜明的。

  大市，日昃而市，百族为主；朝市，朝时而市，商贾为主；夕时而市，贩夫贩妇为主。（《周礼·地官·司市》）

商业活动的节奏感尚如此，农事活动的节奏感更为突出。农人春耕秋收，日出而作，日落而息。但这种略显刻板的节奏因着时令节庆的穿插而具有审美意味。自古以来，随着农事忙碌清闲和年月时令气候变化，人们或庄或谐，或歌或舞，或祷或禳，用庆典本身去标志节令时段，这种节令庆典和农事生产形成了中国古代民众生活的音乐感和韵律性。典型如年节：从冬至饺子，腊八喝粥，到腊月二十三祭祀灶神，年节的气氛开始逐渐增浓，直到制糖糕做面食、杀鸡宰猪、贴对联，守年夜，放鞭炮。除却初一拜年应酬之外，人们访亲拜友，叙情喝酒，节庆游戏，不亦乐乎。漫长的冬日使人们有宽裕的预备期，长期节庆文化的积累增饰着年节多姿多彩的审美氛围。五月端午人们吃粽子，插艾草，佩香囊，捉蟾蜍，编菖蒲剑，饮雄黄酒，挂钟馗像，更有赛龙舟等活动。为期虽短，活动却密集；虽为辟邪除魔，却有忙里偷闲抽空享乐之意。八月十五拜月祈福，家人团坐，品尝月饼，高阔的天空、明朗的圆月、徐缓的秋风，共同参与着人们审美的活动。在此情境中亲友闲谈嬉

---

① ［美］明恩溥：《中国乡村生活：社会学的研究》，陈午晴、唐军译，电子工业出版社2016年版，第175页。

娥奔月、月宫胜景、吴刚伐桂、白兔杵药、月中蟾蜍、芳香桂树等神话传说,孩童绕膝玩耍嬉戏,其乐融融,美满自足(见图4-4)。上述三大节庆是中国最具代表性的节庆生活,皆为"内在目的"的审美活动。其他如清明节的豌豆黄、立夏的绿豆粥、夏至的水晶肉、重阳节的花糕等,节庆日的吃食与节庆的礼仪形成了中国古代悠长岁月里的一种节奏和氛围,这种节奏和氛围在人们精心地制作和享用中增强了人们生活的审美性。生产的节令性,生活的节庆日均展示着中国古代生活的节奏感和韵律性及其蕴含的审美意味。

图 4-4 古代中国中秋祭月图

明恩溥说"仪式是中国民族的生命"①。中国古人的成长每个阶段都有一个仪式性的典礼,小孩出生的满月礼,十多岁的冠礼,结亲时的婚庆礼,死亡时的丧葬礼。每个人的一生都被这大大小小的典礼划分为几个鲜明的阶段。每一年又有随着二十四节气的各种岁时节庆礼。岁时节庆和个体人

---

① [美]明恩溥:《中国乡村生活:社会学的研究》,陈午晴、唐军译,电子工业出版社2016年版,第151页。

生典礼共同构成了古代生活的节奏感。

节律仪式性不仅可以有效调适神圣和世俗，还可有效调适过去与未来，融未来、过去于当下，在当下中感知生命意义与价值。现代指向未来的矢量性使我们急速前行，脚步匆匆内心惶惶，精疲力竭，情稀爱淡，生活外表喧哗而内在孤寂。"忙"即"心亡""心死"，心之死亡即心无力或无能去爱，而爱是美内摄之核心内容。古人用脚出行，骑马、骑驴（驾牛）、乘轿、划船等出行方式也是缓慢的，符合人（和马、驴、牛等动物）的生命节律和运行速度。在这样缓慢而符合生命运行速度的方式中，人们才能有机会、有时间、有精力细细玩味生活之流中细枝末节之处的美，生活自身蕴含的内在意义和价值也才能在此过程中被慢慢体验、被细细玩味。中国古典园林中到处是亭台楼阁。邀请游玩者停下脚步安放身心，以便静静体味周遭之景，舒展内心之情，真正回归自然山林，释放感性心灵。这对我们现代的生活极具借鉴意义。日常生活节奏的适当放慢和舒缓，适量遵从内在情感的需求，忠实身体的真实感觉，吸收古代有益于我们身心的生活方式，将会很好地提升现代人生活的质量。

节奏礼仪性对现代人有重大意义和价值，但要真正践行却存在着巨大困难。古代中国人生产生活的节奏性和古代的农业生产生活、循环性时间观相关。现代社会是工业社会、商业社会，电的发明打破了黑夜和白天的界限，工业生产迫使人类跟随机器的运转而运转，循环性时间观被线性时间取代。这正是古代中国生活审美节奏感现代转化的根本困境。这一困境的解决单靠八小时工作制、增多节庆假日等措施是无法彻底解决的。

古代礼仪之美的现代性转化面临诸多问题，特别是在以下三个方面：一是中国古代仪式有着强烈的等级性，森严的等级性势必带有强制性和压迫性，这与现代社会的独立性和自主性不容。如何摒弃古礼中的等级性、强制性和压迫性是其现代转化必须面对的问题。二是古代礼仪的践行到后期越来越重视形式性，礼之内容与礼之形式的分离一方面使礼的内容越来越干瘪，另一方面又越来越模式化、死板化。内容丢失的礼和形式呆板的礼如何重新获得生命活力是古代礼仪现代化需要面对的第二个问题。三是古代礼仪主要协调的是熟人之间的关系，冠礼、婚礼、丧礼、祭礼、射礼等无不是在熟人或亲人之间实践的。陌生人之间的关系如何协调和处理，古代礼仪所涉甚少。现代社会快速的流动性使陌生人之间交往日益频繁，如何将古代的"熟人礼""亲友礼"转化为现代的"公民礼"，是古礼现代转化亟待解决的第三个问题。

结　语

　　2017年1月25日，中共中央办公厅、国务院办公厅印发了《关于实施中华优秀传统文化传承发展工程的意见》（以下简称《意见》）。《意见》指出"中华优秀传统文化积淀着多样、珍贵的精神财富"，我们要传承发展中华优秀传统文化，"大力弘扬有利于促进社会和谐、鼓励人们向上向善的思想文化内容"。古代中国生活审美是古代中国人生活方式和情感表达中一个独具特色的方面，因此对古代中国生活审美问题的探讨和研究是积极响应国家方针政策，努力促进古代中国优秀传统文化现代转化的一种有益尝试，此为本书的现实意义之一。

　　"全球化"这一概念始于经济学领域，初始内涵指经济的全球化。但随着经济全球化的扩展，科技、信息、商品、人才、文化等各方面都被裹挟进了全球化进程中。在涉及范围越来越广的以加速度进行的全球化进程中，各民族文化在相互碰撞、交流、冲突、融合中有些民族国家出现了较为严重的类同化甚至同一化趋势。如何在全球化进程中保持民族文化的多样性、保持民族国家的独特性和个体性成为世界各国学者都在努力思考的问题。民族传统文化传承旨在保持民族文化多样性，保持民族国家的独特性和个体性存在。古代中国生活审美问题的研究是从对中国立场对"全球化—民族化"问题的一个可能性思考，此为本研究的现实意义之二。

　　20世纪末学术界出现了生活论转向，美学领域提出了"艺术日常生活化""日常生活审美化"等命题，与这些命题相关的生活美学、生活审美等问题也得到了许多学者的关注。但多数学者侧重研究现代工业化社会背景下的"艺术日常生活化""日常生活审美化"及相关的生活美学和生活审美，对古代社会的生活美学和生活审美问题的研究较为有限。本书"古代中国生活审美论"是对现代生活美学、生活审美问题研究的进一步发展。

美学界对美学问题的探讨或侧重于美学原理，或侧重于艺术审美，生活审美这一审美形态得到的关注较为有限。生活审美问题的研究者也多把"生活审美"界定为"在生活中审美"或"以生活所用之物为审美对象"，对"生活审美"和"艺术审美"的区别缺乏深度理解。本书将"生活审美"界定为"人们不脱离生活母体在生活情境中对生存性行为和生活所用之物的非对象性的以实用性为基础的审美活动"，"艺术审美"是"人们脱离了生活母体从生活情境中分离后对非生存性行为和非生存性物的对象性的非功利性的审美活动"。这是本书的一个立足点和创新点。

国内美学界对中国古典美学的研究主要侧重于两个方面：一是对中国古典美学思想史（通史或断代史）、美学范畴等美学理论的研究；二是对文论、画论、乐论、建筑等审美文化和艺术审美活动的研究。这两方面的研究极为重要，也取得了令人瞩目的研究成果，但对古代中国生活审美的研究还局限于某个人、某本专著、某个学派或某个时代，具有整体概括性的古代中国生活审美论研究极为有限，本书是这一研究的一个尝试。

本书从古代中国生活审美化倾向的社会文化背景、民族特性、社会形态、古代生活审美的意义、价值、现代转化面临的问题几个方面进行了论述。第一章审美化倾向的社会文化背景主要从小农经济、家国结构、生命文化三个层面进行了论述；第二章民族特性主要从秩序规范性、伦理道德性、形式礼仪性、切身体验性四个方面进行了研究；第三章社会形态从贵族阶层的生活审美、文士阶层的生活审美、市民阶层的生活审美、农民阶层的生活审美四个方面进行了探讨；第四章主要阐述了伦理道德、情本体、形式礼仪的现代意义、价值及现代转化面临的问题。

本书的研究对象是古代中国的生活审美,但我们必须对古代中国生活审美存在的问题有辩证而清醒的认识并予以客观而理性的批判:其一,古代中国生活审美秩序规范性的文化基础是阶级社会的等级性,秩序规范性最终服务于等级性,所以我们研究时一定要警惕其中渗透的等级性对个体自主性、创造性压抑的非人性内涵。其二,古代中国生活审美的形式礼仪性甚为烦琐,这种烦琐的礼仪与现代崇尚简捷便利的社会意识无法相容;形式礼仪性和中国古代的尊君、尊父、尊长,追慕过往、重视经验等思想纠缠在一起难以剥离,与现代社会崇尚新生事物、重视科学理性的思想难以相容;古代生活审美的形式礼仪性如若剥离了原有的内涵,又没有注入符合人类生命本性的充满时代精神、富有生命活力的新内涵,极可能变为只剩下空洞形式的异化美。其三,中国古代社会过于强调群体性的和谐美,对个体的个性才能和个人情感强力压制,容易培育少年老成的个体,容易使人们掩饰个人的情感和思想,不利于个体独特性的培育和生长,不利于社会人群多样化的发展。其四,人格审美中过于关注德性审美,对个体知性审美有意忽略,容易导致个体的片面性发展。其五,中国古代生活审美较多关注均衡稳定、对称和谐的美,喜欢粉饰太平,有意忽略甚至压制不对称、非和谐、具有动荡性的美,导致生活中有足够创造力和必要深度的审美实践较为有限,一定程度上造成了人们安于现状、缺乏进取性的保守文化取向。

由于选题所涉内容繁多,自身学识有限,本书存有诸多不到之处:其一,第三章古代中国生活审美社会形态部分,市商阶层的生活审美表现为物欲享乐性,农民阶层的生活审美表现为浑厚浓情性。"物欲享乐性""浑厚浓情性"这些用语概括不够精准,几经修改皆不满意,只能暂且用之。其二,女性的生活审美在文中论述较为有限,笔者曾想就"唐代妇女的生活审美"独列章节进行论述,但终究未能成文,甚为遗憾。其三,古代生活审美的现代转型是本书的一个难点。虽然在结尾部分本书从德性审美、情体现代化、节奏仪式现代化三个方面进行了论述,但这个问题的探讨毫无疑问关联着"中国古典文化现代化"这一极具时代性的宏大课题,凭一己之力实难完成,只能待有志于此的才俊共同努力了。

  本书侧重古代中国生活审美的理论分析,具有一定开放性和继续发展性:古代中国各个社会阶层的生活审美(古代中国贵族阶层的生活审美、古代中国市民阶层的生活审美、古代农民阶层的生活审美)、古代中国女性的生活审美(可分时段、分地域论述)、古代中国生活审美的现代转化几个部分均可进一步探讨,这些探讨的深入或许可以作为对本书所述理论的补充或发展。

参考文献

一 专著

(一) 古籍

[1] 李学勤主编：《十三经注疏》（整理本），北京大学出版社 2000 年版。

[2] （汉）郑玄、（唐）孔颖达：《礼记正义》，上海古籍出版社 2008 年版。

[3] 胡平生、陈美兰译注：《礼记·孝经》，中华书局 2007 年版。

[4] 杨伯峻编著：《春秋左传注》（修订本），中华书局 1990 年版。

[5] 陈奇猷：《吕氏春秋校释》，学林出版社 1984 年版。

[6] 陈鼓应：《老子注译及评价》，中华书局 1984 年版。

[7] 程树德：《论语集释》，中华书局 1990 年版。

[8] 杨伯峻编著：《孟子译注》，中华书局 1963 年版。

[9] （清）戴震：《孟子字义疏证》，中华书局 2012 年版。

[10] 陈鼓应：《庄子注译及评价》，中华书局 1984 年版。

[11] （汉）许慎：《说文解字注》，（清）段玉裁注，上海古籍出版社 1988 年版。

［12］（汉）司马迁：《史记》，中华书局1992年版。

［13］（魏）刘劭：《人物志》，（香港）中华书局2013年版。

［14］（晋）陈寿撰：《三国志》，中华书局2006年版。

［15］（北魏）杨衒之：《洛阳伽蓝记》，山东友谊出版社2002年版。

［16］徐震堮：《世说新语校笺》，中华书局1984年版。

［17］（宋）吴自牧：《梦粱录》，三秦出版社2004年版。

［18］（宋）孟元老：《东京梦华录》，中州古籍出版社2010年版。

［19］（明）谢肇淛：《五杂俎》，上海书店出版社2001年版。

［20］（清）张岱：《陶庵梦忆·西湖梦寻》，陕西人民出版社1998年版。

（二）近现代专著

［1］冯友兰：《中国哲学史》（上、下册），华东师范大学出版社2005年版。

［2］冯友兰：《中国哲学简史》，天津社会科学院出版社2005年版。

［3］辜鸿铭：《中国人的精神》，安徽文艺出版社2011年版。

［4］梁漱溟：《中国文化要义》，上海人民出版社2014年版。

［5］牟宗三：《中国哲学十九讲》，吉林出版社2014年版。

［6］牟宗三：《生命的学问》，广西师范大学出版社2005年版。

［7］钱穆：《中国文化史导论》，商务印书馆1996年版。

［8］钱穆：《中国文学论丛》，生活·读书·新知三联书店2002年版。

［9］钱穆：《人生十论》，广西师范大学出版社2004年版。

［10］唐君毅：《中国传统文化之精神价值》，广西师范大学出版社2005年版。

［11］费孝通：《乡土中国》，中华书局2015年版。

［12］宗白华：《美学与意境》，人民出版社1987年版。

［13］宗白华：《美学散步》，上海人民出版社 2007 年版。

［14］朱光潜：《朱光潜全集》，安徽教育出版社 1989 年版。

［15］朱光潜：《西方美学史》，人民文学出版社 1999 年版。

［16］徐复观：《中国艺术精神》，华东师范大学出版社 2001 年版。

［17］胡适：《中国哲学史大纲》，中华书局 2014 年版。

［18］张岱年：《中国古代哲学概念范畴要论》，中国社会科学出版社 1989 年版。

［19］张岱年：《中国哲学大纲》，江苏教育出版社 2005 年版。

［20］李泽厚、刘纲纪主编：《中国美学史》（第 1—3 卷），中国社会科学出版社 1987 年版。

［21］李泽厚：《中国古代思想史》，天津社会科学院出版社 2003 年版。

［22］李泽厚：《论语今读》，生活·读书·新知三联书店 2008 年版。

［23］李泽厚：《实用理性和乐感文化》，生活·读书·新知三联书店 2008 年版。

［24］成中英：《中国文化的现代化与世界化》，中国和平出版社 1988 年版。

［25］吕思勉：《中国文化史》，北京大学出版社 2013 年版。

［26］敏泽：《中国文学思想史》，湖南教育出版社 2004 年版。

［27］金耀基：《从传统到现代》，中国人民大学出版社 1999 年版。

［28］童庆炳主编：《文学理论教程》（第五版），高等教育出版社 2015 年版。

［29］北京大学哲学系美学教研室编：《中国美学史资料选编》（上、下册），中华书局 1980 年版。

［30］叶朗：《美学原理》，北京大学出版社 2013 年版。

［31］叶朗：《中国美学史大纲》，上海人民出版社 1985 年版。

［32］朱立元：《美学》，高等教育出版社 2001 年版。

［33］仪平策：《中国审美文化民族性的现代人类学研究》，中国社会科学出版社 2012 年版。

［34］陈炎主编：《中国审美文化史》（第 4 卷），上海古籍出版社 2013 年版。

［35］许明主编：《华夏审美风尚史》（第 12 卷），北京师范大学出版社 2016 年版。

［36］尤西林：《心体与时间——二十世纪中国美学与现代性》，人民出版社 2009 年版。

［37］尤西林：《人文科学导论》，高等教育出版社 2002 年版。

［38］张世英：《哲学导论》，北京大学出版社 2002 年版。

［39］张法：《中国艺术：历程与精神》，中国人民大学出版社 2003 年版。

［40］张法：《中国美学史》，上海人民出版社 2002 年版。

［41］邹华：《中国美学原点解析》，中华书局 2013 年版。

［42］朱良志：《中国美学十五讲》，北京大学出版社 2006 年版。

［43］朱良志：《中国艺术的生命精神》，安徽教育出版社 2006 年版。

［44］朱志荣：《中国审美理论》，上海人民出版社 2013 年版。

［45］滕守尧：《审美心理描述》，四川人民出版社 1998 年版。

［46］成复旺：《走向自然生命——中国文化精神的再生》，中国人民大学出版社 2004 年版。

［47］李西建：《消费时代审美问题研究》，商务印书馆 2013 年版。

［48］刘小枫：《诗化哲学》，华东师范大学出版社 2007 年版。

［49］彭富春：《论中国的智慧》，人民出版社 2010 年版。

［50］葛兆光：《中国古代思想史》（第 1—2 卷），复旦大学出版社 2001 年版。

［51］户晓辉：《中国人审美心理的发生学研究》，中国社会科学出版社

2003年版。

[52] 彭峰：《生与爱：古代中国人审美意识的哲学根源》，东北师范大学出版社1987年版。

[53] 刘怀玉：《现代性的平庸与神奇——列斐伏尔日常生活批评哲学的文本学解读》，中央编译出版社2006年版。

[54] 吴宁：《日常生活批判——列斐伏尔哲学思想研究》，人民出版社2007年版。

[55] 王玉波：《中国传统生活方式》，中国新闻出版社1989年版。

[56] 杨适：《哲学的童年》，中国社会科学出版社1987年版。

[57] 刘悦笛：《生活美学——现代性批评与重构美学精神》，安徽教育出版社2005年版。

[58] 刘悦笛：《生活美学与艺术经验——生活即审美，艺术即经验》，南京出版社2007年版。

[59] 刘汉东：《灵魂与程序——中国传统政治文化分析》，国际文化出版公司1989年版。

[60] 李修建：《风尚——魏晋名士的生活美学》，人民出版社2010年版。

（三）译著

[1]［古希腊］柏拉图：《柏拉图全集》，王晓朝译，人民出版社2002年版。

[2]［德］胡塞尔：《生活世界现象学》，倪梁康、张廷国译，上海译文出版社2002年版。

[3]［德］哈贝马斯：《交往行动理论》（第二卷），洪佩郁、蔺青译，重庆出版社1994年版。

[4]［德］鲍姆嘉登：《美学》，王旭晓译，文化艺术出版社1987年版。

［5］［德］海德格尔：《存在与时间》，陈嘉映、王节庆译，生活·读书·新知三联书店1987年版。

［6］［德］海德格尔：《林中路》，孙周兴译，上海译文出版社2004年版。

［7］［德］康德：《判断力批判》，邓晓芒译，人民出版社2002年版。

［8］［德］康德：《历史理性批判》，何兆武译，商务印书馆2007年版。

［9］［德］黑格尔：《精神现象学》（上、下册），贺麟、王玖兴译，商务印书馆1979年版。

［10］［德］伽德默尔：《真理与方法》，洪汉鼎译，商务印书馆2007年版。

［11］［德］马克思：《1844年经济学哲学手稿》，人民出版社1983年版。

［12］［德］马克斯·韦伯：《中国的宗教：宗教与世界》，康乐、简惠美译，广西师范大学出版社2004年版。

［13］［德］沃尔夫冈·韦尔施：《重构美学》，陆扬、张岩冰译，上海译文出版社2006年版。

［14］［英］迈克·费瑟斯通：《消费文化与后现代主义》，刘精明译，译林出版社2002年版。

［15］［英］本·海默尔：《日常生活与文化理论导论》，王志宏译，商务印书馆2008年版。

［16］［法］路易·加迪等：《文化与时间》，胡建平译，浙江人民出版社1988年版。

［17］［加］约翰·奥尼尔：《身体五态——重塑关系形貌》，李康译，北京大学出版社2010年版。

［18］［意］史华罗：《中国历史中的情感文化——对明清文献的跨学科文本研究》，林舒俐等译，商务印书馆2009年版。

[19]［匈］乔治·卢卡契：《审美特性》，徐恒醇译，中国社会科学出版社1986年版。

[20]［匈］阿格妮丝·赫勒：《日常生活》，衣俊卿译，重庆出版社1990年版。

[21]［匈］艾蒂安·白乐日：《中国的文明与官僚主义》，黄沫译，（台北）久大文化出版社1992年版。

[22]［美］杜威：《艺术即经验》，高建平译，商务印书馆2010年版。

[23]［美］理查德·舒斯特曼：《实用主义美学》，彭峰译，商务印书馆2002年版。

[24]［美］理查德·舒斯特曼：《生活即审美——审美经验和生活艺术》，彭峰译，北京大学出版社2007年版。

[25]［美］明恩溥：《中国乡村生活：社会学的研究》，陈午晴、唐军译，电子工业出版社2016年版。

[26]［美］余英时：《士与中国文化》，上海人民出版社2003年版。

[27]［美］余英时：《从价值系统看中国文化的现代意义》，江苏人民出版社1989年版。

[28]［日］笠原仲二：《古代中国人的美意识》，魏常海译，北京大学出版社1987年版。

二 学位论文

[1] 刘红娟：《李渔生活美趣研究》，博士学位论文，首都师范大学，2012年。

[2] 田军：《〈长物志〉的生活美学》，博士学位论文，华东师范大学，2014年。

[3] 王东阳：《中国审美心理意识之心理考古》，博士学位论文，吉林大学，2012年。

［4］王奕祯：《中国传统戏剧闹热性研究》，博士学位论文，上海师范大学，2012年。

［5］赵强：《"物"的崛起与晚明的生活时尚和审美风会》，博士学位论文，东北师范大学，2013年。

［6］曾婷婷：《晚明人日常生活美学观念研究》，博士学位论文，深圳大学，2012年。

［7］蒋金华：《中国古典审美精神》，硕士学位论文，广西师范大学，2008年。

［8］夏薇：《试论周代贵族教育》，硕士学位论文，吉林大学，2005年。

［9］朱莉萍：《中国美学中"生活性"审美特征向当代生活美学的演绎》，硕士学位论文，山东大学，2012年。

三 期刊论文

［1］［美］B.J.纳尔逊：《西方家庭文化的变化——评有关西方家庭政策的7部著作》，《国外社会科学》1986年第6期。

［2］毕昌萍、田娟：《论幸福视界下的中国传统生活方式》，《学术探索》2013年第1期。

［3］常康：《李贽"自然人性论"审美意蕴的哲学解读——兼论泰州学派倡导生活美学的当代意义》，《前沿》2010年第3期。

［4］蔡先金：《先秦诸子之前"生活世界"中诗之意义》，《济南大学学报》（社会科学版）2010年第3期。

［5］杜书瀛：《先秦审美文化与审美心理结构之雏形》，《清华大学学报》（社会科学版）2013年第4期。

［6］高小康：《生活论美学与文化生态学美学》，《文艺争鸣》2010年第2期。

［7］高建平：《美学的超越与回归》，《上海大学学报》（社会科学版）2014年第1期。

［8］贺志朴：《李渔生活美学》，《河北大学学报》（社会科学版）2013年第5期。

［9］耿开君：《"超越"问题：内在与外在》，《中国哲学》1998年第1期。

［10］金浪：《日常生活的美学困惑——兼谈美学的生活论转向中的几个问题》，《文艺争鸣》2011年第1期。

［11］靳凤林：《先秦儒道死亡思想之比较》，《孔子研究》2002年第5期。

［12］卡尔松：《日常生活美学的困境和出路》，《哲学动态》2013年第4期。

［13］鲁枢元：《文化生态与生态文化——兼谈消费文化、城市文化与美学的生活化转向》，《文艺争鸣》2010年第11期。

［14］李修建：《如何研究中国古代生活美学——以六朝生活美学为例》，《南京艺术学院学报》2012年第5期。

［15］李济沧：《魏晋贵族体制的形成与乡论》，《江海学刊》2014年第3期。

［16］刘悦笛：《生活美学：是什么与不是什么》，《艺术评论》2011年第4期。

［17］刘怀玉：《为日常生活辩护——论列斐伏尔〈日常生活批判〉第一卷的基本意义》，《江苏社会科学》2008年第7期。

［18］刘纲纪：《美学，何以完成家国天下的诗意引导》，"美学与家国：中国美学高层论坛"论文，北京师范大学，2016年12月。

［19］刘应杰：《中国传统生活方式的特点》，《社会科学研究》1988年第2期。

[20] 薛富兴：《生活美学——一种立足于大众文化立场的现实主义思考》，《文艺研究》2003 年第 3 期。

[21] 薛富兴：《中国生活审美传统及其当代意义》，《民族艺术研究》2004 年第 6 期。

[22] 徐碧辉：《天地有大美，君子当自强——"中国美学精神分析"》，《中国文学批评》2016 年第 4 期。

[23] 陶清：《生命文化论纲》，《江淮论坛》2009 年第 3 期。

[24] 陶东风：《日常生活的"美学化"——文化视觉转向的一种解读》，《哲学研究》2001 年第 10 期。

[25] 杨春时：《乐道·兴情·神韵——中华美学的审美本质论》，《学术月刊》2015 年第 10 期。

[26] 尤西林：《关于美学的对象》，《学术月刊》1982 年第 10 期。

[27] 尤西林：《现实审美与艺术审美——以"旭日阳刚演唱"为个案》，《文艺理论研究》2011 年第 6 期。

[28] 王德胜：《回归感性意义——日常生活美学论纲之一》，《文艺争鸣》2010 年第 3 期。

[29] 王德胜、李雷：《"日常生活审美化"在中国》，《文艺理论研究》2012 年第 2 期。

[30] 王杰：《全球化时代文化多样性的意义》，《学术月刊》2011 年第 7 期。

[31] 王玉波：《中国传统生活方式纵观》，《社会科学研究》1988 年第 6 期。

[32] 王确：《生活美学的多元对话——"新世纪生活美学转向：东方与西方对话"国际研讨会综述》，《哲学动态》2012 年第 12 期。

[33] 王平文：《中国古代贵族精神初探》，《理论学刊》1990 年第 2 期。

［34］王崇任：《〈左传〉中的志人小品和春秋时代的贵族精神》，《中南大学学报》2011年第4期。

［35］王一川：《艺术身赏与艺术心赏——兼论生活论视野中的公众心理层面构造》，《社会科学战线》2015年第10期。

［36］杨春时：《"日常生活美学"批判与"超越性美学"重建》，《吉林大学社会科学学报》2010年第1期。

［37］曾繁仁：《中国古代生命论美学及其当代价值》，《山东大学学报》2015年第2期。

［38］张法：《西方日常型生活美学：产生、要点、争论》，《江苏社会科学》2012年第2期。

［39］张法：《礼：中国美学起源时期的核心》，《美育学刊》2014年第3期。

［40］张宝贵：《作为艺术行动的美——一种生活美学的视角》，《文艺理论研究》2014年第3期。

［41］张自惠：《古代儒者的人格追求与形象定位》，《郑州大学学报》（社会科学版）2005年第6期。

［42］赵跟喜：《中国审美精神的世俗性初论》，《重庆大学学报》（社会科学版）2004年第5期。

［43］张未民：《回家的路　生活的心——新世纪中国文艺美学的"生活论"转向》，《文艺争鸣》2010年第11期。

［44］朱良志：《中国审美中的规避人工秩序的问题》，《江淮论坛》2010年第5期。

后 记

四年前攻读博士伊始，因没有确定的研究方向一度茫然无措，只是暗下决心一定要找到一个好论题进行研究，此研究内容一定要自己感兴趣、有意义并可作为此世余生的学业方向。反复思虑考量，在尤老师建议下终于选定此论题颇觉幸运。学界友人知晓后惊讶道："这么大题目，以你一人之力，短短三年时间，能做得了吗？"同事听闻则说："好了，这个论题你可以做一辈子了！"我心怀忐忑，但还是义无反顾地投入查找、阅读、整理资料的忙碌中去了。我生性勤勉，何况这是我感兴趣的论题。在阅读资料过程中，我童年乡村生活的过往时时浮现于眼前。近十年虽离乡村越来越远，但每年"十一"和春节期间总要回归。匆匆步履中深切感到，虽然现代中国的乡村已变革如新，但传统的人情伦理依然以潜在方式支配着乡人的日常生活及他们的现实审美。书籍资料的阅读和对遗留乡村古代气息的切身体验让我对这一论题痴迷颠倒又困惑不解。古代的生活审美在现代是否还有生存空间？现代生活是否能从古代中国生活审美中获得启示？论题宏大而富有现实性，以我一己之力实难完成，仅是尝试性探讨罢了。

陕西师范大学尤西林教授是我的硕士导师，不论在攻读硕士学位时还是在毕业找工作时都曾给我重要帮助。攻读博士时依然能受教于先生，深感庆幸。先生博学精思，常让我有敬仰之感，谈话聊天也常惴惴。又因资质平庸，学识浅薄而为先生弟子有羞愧之感。读博几年，心思起伏，不可堪言。但每次与先生谈及论题，先生皆悉心指导，既能提纲挈领，又能深思细析，直抵核心，常令我有醍醐灌顶、豁然开通之感。论文从选题、框架设置，到写作与修改，先生功不可没，师恩之情，必将毕生牢记！

论文开题时因某些原因情境极为尴尬，李西建教授温和地指点我："学位论文应求安稳，期刊论文应求尖锐。"我闻之一度不太服气。但鉴于对李老师人格、品性、学识的认可，静下心来后细析他的话语，决定按照他的指点对论文观点进行弱化。论文完成后，发现弱化后的论点更为准确，深觉先生之言恳切，内心非常感激。

论文预答辩时裴亚莉老师指出论文的透视点、问题意识不够清晰。裴老师文采斐然，听闻其名、阅读其文，对其文字很是喜欢，没想到眼光也如此犀利。预答辩过后我紧抓问题意识悉心修改，果然论题更为清晰，甚为感谢！

西北大学段建军老师言辞温和、话语谦逊，对参考文献的引用提出了诸多可行性建议；西北师范大学韩伟老师亲切和蔼，论文结构的均衡性建议很中肯。两位老师的建议极为可贵，预答辩后已经对论文进行修改，在以后的论文写作中也将时时牢记。

攻读博士时，家中小儿刚满两岁便被送入幼儿园，长达一个学期每天入学皆要哭泣，我亦随之洒泪，痛心不已，如今他已可背着书包欢喜入校。家中老人瘫痪于床，病入膏肓，几次急救，如今也已病情稳定，重现笑容。读博期间压力如山一度抑郁，夫君国文皆以勤劳、耐心、宽容与爱应对，有夫如斯，夫复何求？！

感谢"文艺学五道士"之徐军义、李璐、李有军、刘芳，有你们的陪

后 记

伴，艰苦中有了欢乐。感谢同门王琼，每次相见时的争论多少都能转化成论文中的黑字。感谢西安财经学院文学院的同事们照顾和帮助我，有了你们或多或少的眷顾，博士路才不那么艰难。

本论文受惠于国内外许多学者的研究成果，在此，我谨向他们一并致以诚挚的谢意。由于本人学识浅陋，精力有限，文中不妥，甚至偏激、片面之处，恳请各位专家学者不吝赐教。

张翠玲

2017 年 2 月 16 日于西安